高寒干旱农牧区饮水安全保障关键技术研究

主　编　李润杰　邬晓梅

副主编　李　亮　温　军　胡　孟　郭凯先

中国水利水电出版社
www.waterpub.com.cn

·北京·

内 容 提 要

　　本书分析了高寒干旱农牧区供水工程建设和管理中存在的主要问题，详细介绍了针对农牧区供水工程安全评价、巩固提升技术模式与标准、适宜农牧区的水源保护与开发技术、农牧区供水工程自动化监管技术、牧场适用供水关键技术等方面开展的科研试验及其研究成果与应用推广情况。

　　本书可供从事农牧区供水研究工作的科研人员参考，也可供从事村镇给水工程规划、设计、施工、管理等有关专业的科技工作者和管理人员参考。

图书在版编目（ＣＩＰ）数据

　　高寒干旱农牧区饮水安全保障关键技术研究 ／ 李润杰，邬晓梅主编. -- 北京 ：中国水利水电出版社，2021.6
　　ISBN 978-7-5170-9611-5

　　Ⅰ．①高… Ⅱ．①李… ②邬… Ⅲ．①牧区－饮用水－给水卫生－给水工程－研究 Ⅳ．①S277.7

　　中国版本图书馆CIP数据核字(2021)第097482号

策划编辑：陈秋羽　　责任编辑：杨元泓　　加工编辑：白　璐　　封面设计：梁　燕

书　　　名	高寒干旱农牧区饮水安全保障关键技术研究 GAOHAN GANHAN NONGMUQU YINSHUI ANQUAN BAOZHANG GUANJIAN JISHU YANJIU
作　　　者	主编 李润杰　邬晓梅 副主编 李 亮 温 军 胡 孟 郭凯先
出版发行	中国水利水电出版社 （北京市海淀区玉渊潭南路 1 号 D 座　100038） 网址：www.waterpub.com.cn E-mail：mchannel@263.net（万水） 　　　　　sales@waterpub.com.cn 电话：（010）68367658（营销中心）、82562819（万水）
经　　　售	全国各地新华书店和相关出版物销售网点
排　　　版	北京万水电子信息有限公司
印　　　刷	三河市华晨印务有限公司
规　　　格	184mm×260mm　16 开本　13.25 印张　273 千字
版　　　次	2021 年 6 月第 1 版　2021 年 6 月第 1 次印刷
定　　　价	98.00 元

本书编委会

主　　编　李润杰　邬晓梅

副 主 编　李　亮　温　军　胡　孟　郭凯先

参　　编　李晓琴　宋卫坤　李和平　陈建宏

　　　　　贾燕南　侯诗文　黄佳盛　冯　琪

　　　　　李振刚　刘文兵　陈　峥　连利叶

　　　　　吴永忠　胡　伟　贾海峰　严尚福

　　　　　牛俊奎　姚佳男　王星天　曹　亮

　　　　　刘满苍

目　　录

绪　　论

　　农村供水安全保障事关亿万农民的切身利益，是最直接、最现实也是农村居民最关心的利益问题，是实施乡村振兴战略和推进城乡公共服务均等化的重要内容。党中央、国务院高度重视农村饮水工作，习近平总书记明确提出"节水优先、空间均衡、系统治理、两手发力"的治水思路，把保障水安全上升为国家战略，为系统地解决农村供水存在的新老水问题、保障国家水安全提供了根本遵循和行动指南。自2005年国家实施农村饮水安全工程建设以来，全国农村饮水安全问题基本得到了解决，饮水安全保障能力得到了显著提高。高寒干旱农牧区自然环境条件相对较差、农牧民居住分散、经济欠发达，面临资源型缺水、工程型缺水和水质型缺水等多重压力，饮水安全工程普遍存在规模小、建设标准较低、供水保证率不高、水源保护和水质监管薄弱以及工程良性运行机制不完善等问题，供水保障水平与实施乡村振兴战略和农牧民对美好生活的向往还有一定差距，亟须进一步优化供水格局，完善工程体系和管理体系建设，提高供水保证水平，为乡村振兴战略提供保障。

　　针对高寒干旱农牧区供水工程建设和运行管护中存在的突出问题，紧密结合饮水脱贫攻坚和乡村振兴战略开展研究与示范，建立科学的评价指标体系，研发集成适宜的水源开发与保护技术、水质净化与消毒技术、供水工程自动化监控及信息化管理技术和牧场适用供水关键技术，提炼巩固提升技术模式和技术标准，为高寒干旱农牧区饮水安全工程升级改造和全面提升供水保障水平提供科技支撑。

　　（1）既有农牧区供水工程安全评价技术体系研究。

　　针对农牧区饮水工程巩固提升需求，结合现行行政文件和技术标准，对青海省不同区域（农区、牧区）、不同水源类型（地表水、地下水）、不同供水规模（千吨万人以上、小型集中、分散土井等）进行分类筛选评价指标，确定适宜的评价方法和标准，并建立评价体系。

　　（2）农牧区供水工程巩固提升技术模式与标准研究。

　　研究适宜农牧区供水工程巩固提升技术模式，包括适用水处理、消毒、水质检测和自动化监管等技术应用模式，并结合精准扶贫政策进行典型工程示范应用；研究编写形成《农牧区供水巩固提升技术标准（草案）》。

　　（3）适宜农牧区水源保护与开发技术研究与示范。

　　针对青海农牧区水源分散、保护难度大的问题，开展适宜青海省农牧区条件的水源保护技术研究，研究提出不同水源类型、供水规模、潜在常见污染风险的供水水源保护区（范围）划定方法和措施，研发新型渗渠取水净化技术，并进行典型示范应用。

（4）农牧区供水工程自动化监管技术研究与示范。

研究适宜农牧区供水工程特点的自动化监管模式，包括监管指标、软件系统设计、通信方案、仪器仪表等硬件配置等；研发集成一体化供水测控箱（柜、器），能对关键供水参数、设备设施运行情况进行监测；开发农牧区县级供水监管系统和水厂自动化监控系统，并进行典型示范应用。

（5）牧场适用供水关键技术研究与示范。

包括牧场供水点的优化和布置研究，分析牧场供水影响因子，建立模型，优化牧场供水点布置；充分利用牧区风能、光能等新能源研发提水供水新机具，并进行典型示范应用。

本书共分 10 个章节，第 1 章从高寒干旱农牧区饮水安全现状、农牧区供水关键技术国内外研究进展、青海省饮水安全存在的主要问题、主要研究内容、技术路线和方法等五个方面进行了论述。第 2 章在对国内外农村供水安全评价现状摸底的前提下，搭建了农牧区供水工程安全评价技术体系以及技术方法。第 3 章阐述了高寒干旱农牧区主要分布在我国西北、西南的广大欠发达地区，主要包括青海、西藏、新疆、内蒙古、宁夏、甘肃及四川、云南、贵州、陕西、山西的部分区域。在总结西北、西南相关省份饮水安全消毒技术、水质净化技术、农牧区供水巩固提升工程建设模式、水质净化、消毒工艺改造配套模式的基础上，编制了《农牧区供水巩固提升技术标准》，该标准现已颁布实施。第 4 章以青海省为例，依据国家饮水安全标准，即供水水量、供水水质、方便程度、水源保证率、供水保证率等的相关规定，结合青海省农牧区的自然地理特征、行政区划，结合区域水资源条件、用水需求、人口分布等因素，为了分区、分类进行全省农牧区饮水工程巩固提升工作，兼顾统筹全省农牧区供水发展全局和有利于分区规划、统筹布局、规模发展、分类解决和方便管理等原则，农村供水规划布局概化为"两区四片"，即农区、牧区两大区域和东部地区、柴达木地区、环青海湖地区和三江源地区四大片区，分片区进行了详实的规划。第 5 章以青海省为例，阐述了全省农牧区供水工程规模 $W>20m^3/d$ 以上的 2664 处集中式供水水源地中，已经划定水源保护区或保护范围的有 307 处，仅占到工程总数的 12%。从全省集中式供水工程水源保护区划分程度来看，青海省水源保护区划分工作进展缓慢，未形成完善健全的水源保护区划分体系，水源保护区的界限不清和范围不明导致已实施的水源保护条例和法规难以对水源进行有效的管理保护。本章在基于以上水源地保护现状，以及存在的现实问题，从规范化青海省农牧区饮用水源保护区（范围）的划分、水源地水质监测体系建设和水源地保护技术的研发等方面进行了分析。第 6 章针对三江源地区农牧区饮用水氟、砷超标问题，研发了工艺简单、操作简便、处理效率高且造价较低廉的水处理系统，对氟、砷酸、亚砷酸具有很强的吸附能力。第 7 章提出了西部地区农牧区供水工程自动化监管模式、开发了农村水厂自动化监控系统和农牧区县级供水监管系统等内容。第 8 章对牧区供水存在的问题进行了梳理，根据牧区草原供水的特点进行了供水点布局及指标体系的研究，提出了高寒干旱牧区提、供水技术模式及典型技术并进行了介绍。第 9 章主要是就以上研究提出的技术、模式开展试验示范以及应用的成效进行分析。第 10 章对高寒干旱农牧区饮水安全供水工程可采用的技术方法、水源地保护、适用范围等内容进行了总结，以便得到有效的推广应用。

本研究成果由青海省水利水电科学研究院有限公司、中国水利水电科学研究院、水利部牧区水科所、青海大学等四家单位共同完成，是全体参研人员共同努力下的集体智慧的结晶，全书由李润杰统稿，温军校核。项目研发与成果转化得到了青海省科学技术厅农村科技处、水利部农村水利水电司、青海省水利厅农村水利水保水电处、民和回族土族自治县水利局、都兰县水利局和贵德县水利局等单位的大力支持与帮助，在此一并致谢！

本书得到了青海省水资源高效利用工程技术研究中心、青海省流域水循环与生态重点实验室、国家水利部科技推广中心青海省推广工作站等平台的支持，同时得到了青海省科技计划项目"基于光伏提水的高寒牧区饮水安全技术研究与示范"等资助。

由于编者水平有限，书中难免存在不足，敬请批评指正！

编 者

2021 年 1 月

第1章　研究背景

1.1　高寒干旱农牧区饮水安全现状

农村供水安全保障事关亿万农民的切身利益，是农村居民最关心、最直接、最现实的利益问题，是实施乡村振兴战略和城乡公共服务均等化的重要内容。自国家开展人畜饮水工程建设至今，全国农村供水取得了显著成效，但由于高寒干旱农牧区自然条件相对较差，资源型缺水和工程性缺水并存，农牧区供水依然普遍存在工程规模小、建设标准低、供水保证率不高、水源保护和水质监管薄弱以及可持续运行难等问题。

以青海省为例，自国家开展农牧区人畜饮水工程建设以来，全省农牧区供水经历了饮水安全起步、饮水解困和饮水安全等阶段，尤其是在饮水安全阶段，全省以解决农牧民饮水安全问题为目标，重点解决严重影响农牧民身体健康的水质问题以及局部地区的严重缺水、吃不上水的问题，确保水质、水量、方便程度和保证率达到国家标准要求。截至 2015 年年底，已建成千吨万人以上供水工程 76 处；200～10000 人的集中供水工程 2588 处，此外还有众多的小型集中和分散式供水工程，解决了 293 万农牧民的饮水安全问题，青海省农牧区饮水安全阶段性任务已全面完成。但由于青海省农牧区供水基础条件相对较差，加上独特的自然和社会经济条件，供水工程建设和管理水平与其他地区相比，尚有一定的差距，与城乡发展一体化和全面建成小康社会的要求还不相适应，主要表现在：第一，工程规模小、建设标准低、管网漏损严重，集中式供水工程覆盖人口仅为 912 人/处，29%的人口为分散式供水，平均管网漏损率高达 24.4%；第二，净化消毒措施不到位、水质存在安全隐患，集中供水工程水处理设施配套率为 2%，消毒设备配套率为 3.1%；第三，运行管理机制不健全，难以实现长效运行。此外，截至 2015 年年底，青海省还有 1303 个贫困村，31.73 万贫困人口需要在"十三五"期间解决农牧区饮水巩固提升问题。

习近平总书记强调，不能把饮水安全问题带入小康社会；要坚持精准扶贫，决不能让一个地区掉队。为顺应广大农牧区居民对进一步改善饮水条件的迫切需求，亟须通过饮水巩固提升工程进一步改善高寒干旱农牧区供水条件，以补齐农牧区供水薄弱环节和不断提高农牧区供水保障水平为目标，提升全省农牧区供水工程建设水平，健全完善农牧区供水工程长效运行体制机制，加强水源保护和水质保障，进一步提高供水保证率、水质达标率、集中供水率、自来水普及率和工程运行管理水平，建立健全"从源头到龙头"的农牧区供水工程建设和运行管护体系。

高寒干旱农牧区供水技术支撑力量薄弱，亟须针对巩固工程建设管理重要环节关键技术开展研究，提炼巩固提升技术模式；农牧区供水工程自动化、信息化管理技术尚处空白，研发应用自动化监管系统，提高农牧区供水行业监管和工程精细化管理水平，是推动工程良性运行的重要手段。通过高寒干旱农牧区饮水安全保障关键技术研究，进一步优化供水格局，完善工程体系和运行管理体系建设，不断提升农牧区供水保障水平。

1.2 农牧区供水关键技术国内外研究进展

1.2.1 国外研究情况

美国作为最早进行饮水安全研究的国家，于 1992 年就审批通过了第一部有法律地位的关于饮用水的标准，即使标准中只规定了部分微生物指标，但是却开启了保障饮水安全的先河。1986 年颁布的《安全饮用水法案修正案》，规定了实施饮用水水质规划的计划，制定了《国家饮用水基本规则和二级饮用水规则》。现行的美国饮用水水质标准是颁布于 2006 年的，标准中包含 98 项强制执行的一级饮用水指标和 15 项非强制执行的二级饮用水指标。

欧盟的《饮用水水质指令》最早发布于 1980 年（80/778/EC），指令比较完整，之后于 1998 年发布了新的《饮用水水质指令》（98/83/EC），与之前的指令相比，此次共新增 19 项指标，删减了 36 项指标，17 项指标的标准值发生变化。1983—1984 年，世界卫生组织（WHO）发布了第一版《饮用水水质准则》，具体包括 31 项指标，之后经修订，于 2004 年发布第三版《饮用水水质准则》。

日本于 1955 年提出了《饮用水水质标准》，其最新标准于 2004 年 4 月执行，该标准由原来的 46 项增加到 50 项。创新性地提出了从水源地到用水点的水质连续监测法与淡化海水处理的技术标准等水质管理理念。

由于西方发达国家城乡一体化发展迅速，城市化程度高，城乡差别小，城乡饮用水的水质标准高且一致，自来水都可以直接饮用，并且几乎所有地区均实现了自来水供应，基本不存在农村饮水安全问题，所以在专门针对农村饮水安全评价方面，国外的研究较少。

1.2.2 国内研究情况

2004 年 11 月，国家水利部农村饮水安全工作会议的召开，使农村饮水安全问题成为政府、水利部门、学术界聚焦的热点问题。水利部、卫生部于 2004 年联合制定的《农村饮用水卫生评价指标体系》（水农〔2004〕547 号），将农村饮水安全分为"安全"和"基本安全"两个档次，由水质、水量、方便程度和保证率 4 项指标组成。4 项指标中只要有一项低于安全或基本安全最低值，就不能定义为饮用水安全或基本安全。

张龙云等运用模糊物元法，选取万人工程数量、人均投资、自来水普及率等 5 个指标对山东省农村饮水安全状况进行评价。段金叶通过饮水安全普及率、水量、水质、供水方面等有代表性的 15 个指标对山东省的农村饮水安全状况进行了评价。袁彩凤等运用基于层次分析的模糊综合评价法，从具有代表性的水质、水量与供水三个方面的 12 个指标，建立了一套符合河南省的农村饮水安全状况的评价指标体系。董苇、邵东国等分别采用层次分析法、基于 AHP 的模糊集综合评价法和突变评价法，从水量、水质、供水三个方面提出一个 4 层 14 项指标，对湖南省的农村饮水安全进行了评价。

从高寒干旱农牧区供水工程现状来看，《农村饮用水卫生评级指标体系》在农村饮水安全阶段发挥了重要作用，但随着《生活饮用水卫生标准》（GB 5749－2006）的颁布和全面实施，"十三五"农牧区饮水安全巩固提升工程的实施和国家对饮水安全巩固提升工作的要求，2004 年的评价指标体系已不再适用。同时，针对高寒干旱农牧区饮水安全巩固提升工程"十三五"规划提出的贫困村、贫困人口的饮水安全脱贫攻坚任务，缺乏界定农牧区饮水安全达标的统一标准，难以对农牧区饮水安全工程的效益作出科学的评估验收，为了满足饮水安全脱贫攻坚工作考核的需要，急需制订能够客观评价农牧区饮水安全工程的安全评价体系。

1.3　高寒干旱农牧区供水工程建设总体情况

1.3.1　高寒干旱农牧区地理概况

高寒干旱农牧区主要分布在我国西北、西南的广大欠发达地区，主要包括青海、西藏、新疆、内蒙古、宁夏、甘肃及四川、云南、贵州、陕西、山西的部分区域。

（1）农区。高寒干旱农区千吨万人规模以上供水工程主要分布在城市和规模化的乡镇，同时存在大量的小型集中式供水工程，总的来说，工程布局仍较分散，以小型集中式供水工程为主，多数工程仍存在建设标准低、水质净化消毒设施设备配套不完善等情况。

（2）牧区。牧区面积广阔，由于牧区自古以来居住大分散、小聚居，山大沟深，分散供水方式普遍并且长期存在，而且部分集中供水工程规模小、人口少，建设、运行管理难度大。

1.3.2　水质净化技术

农牧区供水工程水源分散、保护难度大，水质千差万别，水处理难度往往比城市供水更复杂；同时农牧区供水工程较城市水厂规模小、运行管理水平低、农民经济承受能力差，这也决定了适宜农牧区的水处理技术应具有操作方便、不易坏损、维护简单、运行成本低等特点。

从现状看,各种水质净化技术在农牧区供水工程中都有不同程度的应用,包括常规水处理技术、预处理及深度处理技术、高氟高砷等劣质地下水处理技术等。但由于农牧区供水技术基础薄弱,目前农牧区供水水处理技术应用现状仍不容乐观,适宜的水处理技术模式有待建立,主要存在以下问题:

第一,仍有部分农牧区供水工程缺乏必要的水质净化设施,供水水质安全保障程度不高。据统计,全国千吨万人规模以上农村集中供水工程中,水质净化设施配备比例为72%,此规模以下工程配置率更低,而高寒干旱农牧区供水水质净化设施配套率更低,仅为2%,绝大多数工程仅从水源取水后直接供农牧民用水户。

第二,由于基层技术人员缺乏、农村供水技术基础薄弱,部分农牧区供水工程水处理工艺选择不当、水处理设施建设不规范,造成已建工程不能发挥应有的水质保障作用。如在农牧区供水工程中常见的絮凝池池型设计偏小、分格为长方形、无圆弧倒角等问题,造成絮凝效果差,出水浊度不达标。

第三,部分配套水处理设施设备的农牧区供水工程,由于水质适应性、稳定性、经济性和可操作性较差,运行管理与维护水平跟不上,存在水质安全隐患,导致不能正常使用。如以地表水为水源的农牧区供水工程多受季节影响,丰水期时雨水充沛,水源水质泥沙含量大、浊度高,采用的水处理工艺经常由于不能适应较高浊度水质或工程运行管理人员不能及时调节絮凝剂投加量等,导致出水水质不达标。高寒干旱区地表水源受雪山融雪和降雨等影响,存在季节性浊度较高、含泥沙量大的情况,同时配套水处理设备(多为一体化净水设备)净化处理能力有限,导致浊度超标现象时有发生。

第四,部分农村供水工程水源属高氟水、高砷水、苦咸水等劣质地下水,如青海省囊谦县、内蒙古清水河县等部分县市普遍存在氟砷超标水,由于所在地区往往难以找到可替代的良好水源,需采用特殊的水处理措施,但从工程应用效果来看,现有处理技术尚不成熟。

1.3.3 饮水安全消毒技术

农牧区饮水安全消毒对于保障农牧区居民的饮水安全至关重要,是农村饮水安全水处理工艺中的最后一道环节,是防止二次污染、保障农村饮水安全的重要措施。

世界卫生组织(WHO)的《饮用水水质准则》第三版中明确提出,无论在发展中国家还是发达国家,与饮用水有关的安全问题大多数来自于微生物。但由于农村普遍存在卫生状况较差、水源保护力度不够等问题,造成饮用水水源微生物污染严重,据卫生部2014年统计,由于微生物超标引起的农村饮用水水质不合格率近30%,饮水安全形势依然严峻。

饮用水消毒技术是从 20 世纪初美国将氯用于饮用水消毒中开始的，到今天为止，已经过一个多世纪的发展，消毒技术和设备得到了不断改进和完善。目前在农村供水工程中应用较多的消毒技术包括氯（液氯、次氯酸钠、次氯酸钙）、二氧化氯、臭氧和紫外线等。各种消毒技术和设备都有其优缺点，需综合考虑各种因素，优选适用的消毒技术和设备。

目前农牧区供水消毒存在的主要问题如下，亟须巩固提升。

（1）缺乏消毒措施、消毒设备配置率不高。目前许多农牧区供水工程中仍没有消毒装置，高寒干旱区集中式农牧区供水工程消毒设备配套率仅为 3.1%，远低于全国平均水平。

原因分析：主要是部分工程建设标准低，同时对消毒的重视程度不高。

（2）消毒工艺设计不规范。部分工程存在消毒工艺设计不规范问题，如没有根据供水规模、水质、管网分布状况选择适宜的消毒方式，没有足够的接触时间，消毒剂余量过多或过少，投加点位置不正确等，导致出水微生物指标和（或）消毒剂余量指标不符合《生活饮用水卫生标准》（GB 5749－2006）的要求。

原因分析：主要是由于农村供水专业人才缺乏，同时缺乏实用操作指导手册。

（3）消毒设备不合格。从现场调研情况看，部分工程消毒设备存在原料转化率低、计量不准确、不能变量投加等问题。如复合型二氧化氯设备普遍存在无加温装置或加温装置不达标的问题，反应温度达不到 70℃的要求，原料氯酸钠和盐酸不能充分反应，不仅造成消毒剂余量不达标，重要的是，可能带入了氯酸钠原料进入水体中，带来新的安全隐患。

原因分析：主要是由于部分生产企业技术不过关、销售不合格产品，同时与农牧区供水人才缺乏，未能根据相关消毒设备标准对消毒设备进行采购和验收。

（4）消毒设备运行管理不规范。从现场调研情况看，农牧区饮水安全工程消毒设备不运行、维护不及时、工程出厂水和末梢水中消毒剂余量及微生物指标不能依据标准要求进行检测等问题普遍存在。如在青海省都兰县、民和回族土族自治县（简称"民和县"）、内蒙古化德县等地调研时发现，工程虽已配有消毒设备，但并未运行。

原因分析：由于运行管理人员技术培训不到位和行业监管不到位，水厂管理人员不会使用消毒设备，原料购置困难或因环境条件、主观因素等问题不能正常使用，使得消毒设备不能正常运行，出现问题不能及时解决等。

1.3.4　农牧区供水工程水源保护与开发利用现状

我国水源的开发利用与发达国家比还存在一定的差距。主要表现为首先我国与发达国家基本采用地下水作为饮用水水源的情况不同，现有农村供水水源中包含一定比例的水库水源和河流水源。德国国土面积 35.72 万平方千米，已建立水源保护区 2 万余个，保护区面积占国土面积的 30%。我国水源保护区建设制度还处于起步发展阶段，与发达国家比还存在很大的差距。青海省面积 72.23 万平方千米，截至 2015 年年底，全省 2806 处集中式供水工程中，规划水源保护区或范围的有 307 处，仅占到 10.9%。同时呈现出区域之间的差异性，东部地区河道类水源所占比例较高，中部地区次之，西部地区比例最低。其次，农村饮用水水源"多、小、散"，规模化集中式供水工程覆盖率较低，水源类型复杂，点多面广，保护难度大。再次，相对城市饮用水源，农村饮用水水源保护区划分工作滞后，已经划分的保护区的水源划分不规范，各地重视程度不一。

从高寒干旱区层面看，由于牧区地域面积大、居住分散、气候环境恶劣等原因，供水工程较其他省区更加分散，规模化集中式供水工程覆盖率低和水源管理保护困难的问题更为突出。水源保护方面，高寒干旱区各省区于 2010—2015 年先后出台了《饮用水水源保护条例》，为高寒干旱区饮用水水源保护奠定了法律基础。2012—2016 年高寒干旱区各省区颁布了《关于公布重要及一般饮用水水源地名录（第一批）的通知》，名录的颁布加强了所有建制市县级政府所在城市集中式饮用水源的管理保护，在一定程度上推进了规模化集中式供水工程水源保护区的划分制度建设。截至 2015 年年底，以青海省为例，全省农牧区供水工程规模 W＞20m³/d 以上的 2664 处集中式供水水源地中，已经划定水源保护区或保护范围的有 307 处，仅占到工程总数的 12%。从全国各省区集中式供水工程水源保护区划分程度来看，高寒干旱区涉及的省区水源保护区划分工作进展较缓慢，未形成完善健全的水源保护区划分体系，水源保护区的界限不清和范围不明导致已实施的水源保护条例和法规难以对水源进行有效的管理保护。

1.3.5 存在的问题和需求

（1）水源配置不合理。由于农牧区供水工程各个阶段建设目标的不同和投入的限制，高寒干旱农牧区供水工程水源配置多以单村和小区域供水工程为主，规模化集中式供水工程较少，分散式供水工程较多。一方面存在较大设计规模、小受益人口的供水工程，没有将供水工程的设计供水能力发挥出来；另一方面存在小规模、大受益人口的供水工程，导致供水保证率不高。

（2）水源保护区划分工作缓慢。小型集中式供水工程的水源保护区划分比例较低，缺乏针对高寒干旱农牧区的小型集中式供水工程水源和分散式供水工程水源保护区（范围）的划分规范和依据。已经划分的水源保护区编制依据不统一，部分小型集中式供水工程水源保护区的划分未经省级政府批准，部分水源保护区划分方法缺乏合理的法规依据，未对已经划分的各级水源保护区的截污纳污能力充分论证，难以形成对水源的有效管理保护。另外，部分集中式水源保护区划定不清、边界不明，水源保护区规范化建设不达标，环境风险隐患较大。

（3）水源保护区保护隔离设施建设不规范。已经划分了水源保护区的水源地水源保护标志牌配置率不高，部分水源保护区隔离设施、界标、宣传牌设置不规范，未按照《饮用水水源保护区标志技术要求》（HJ/T 433—2008）的要求设置。现有的隔离设施建设标准低，存在未能完全覆盖水源保护区的情况，难以对水源地形成有效的隔离保护。

（4）水源地周边污染隐患日渐凸显。饮水安全解困时期，由于高寒干旱农牧区供水工程水源多处于人烟稀少、相对偏远的地区，受人为生产生活扰动较小，水源地水质整体情况较好。近些年，随着农业生产规模的不断扩大和城镇化的建设，高寒干旱农牧区由于农业面源污染对水源构成的污染隐患已日益凸显，牧区分散式水源地由牛羊粪便造成的水源地微生物超标的问题十分突出。部分水源保护措施不完善的水源存在由农业面源污染和牲畜粪便导致的水质不达标问题，按照《生活饮用水卫生标准》（GB 5749—2006）的要求、《全国农牧区饮水安全巩固提升工程"十三五"规划》的建设目标，亟须加强针对以上两类突出问题的水源地污染防治工程建设。

1.4　主要研究内容

1. 高寒干旱农牧区供水工程安全评价技术体系研究

收集并分析现行国内外饮水安全评价技术规范、饮水安全相关的行业技术标准及成功应用成果，综合考虑高寒干旱农牧区供水现状，以全面系统性、规范性、可操作性、层次性为原则进行饮水安全评价指标选取。利用 AHP 权重计算法确定饮水安全工程评价指标权重，应用模糊综合评价法对区域/工程饮水安全水平进行评价。

2. 高寒干旱农牧区供水工程巩固提升技术模式与标准研究

分析高寒干旱农牧区供水工程建设中存在的问题，针对高寒干旱农牧区特殊的水质特点，研究提出适宜农牧区供水工程巩固提升技术模式，编写形成《农牧区供水巩固提升技术标准（草案）》。

3. 高寒干旱农牧区饮水规划研究

根据高寒干旱区涉及的各省区提出的饮水安全战略思想，综合考虑经济社会发展、地理位置、行政区划，结合区域水资源条件、用水需求、人口分布等因素，统筹高寒干旱农牧区供水发展全局，以利于分区规划、统筹布局、规模发展、分类解决和方便管理等原则，研究高寒干旱农牧区饮水安全巩固提升工程"十三五"规划、高寒干旱区藏族聚居区特殊原因饮水安全问题建设方案、寺院饮水安全工程专项规划、高寒干旱农牧区饮水安全工程水质检测能力建设总体方案及水质检测中心运行管理制度建设。

4. 高寒干旱农牧区水源保护与开发利用技术研究

分析高寒干旱农牧区供水工程水源开发利用过程中存在的问题及技术难点，开展适宜高寒干旱农牧区条件的水源保护技术研究，研究提出农牧区水源保护技术及模式：不同水源类型、供水规模、潜在常见污染风险的供水水源保护区（范围）划定方法和措施；研发新型渗渠取水净化技术，形成取水与净水相结合的实用技术，并进行典型示范应用。

5. 高寒干旱农牧区饮用水水质净化消毒关键技术设备及标准模式研究

针对高寒干旱农牧区供水存在的工程建设标准低，水质、水量保障程度不高和管理水平低等问题，按照"规模化发展、标准化建设、专业化管理、企业化运营"的总休原则，根据不同供水工程现状，结合区域供水发展布局和规划目标，进行水质净化消毒关键技术设备及标准模式研究，并研究编写《农牧区供水改造技术规程（草案）》。

6. 高寒干旱农牧区供水工程自动化监控技术与信息化监管研究

分析高寒干旱农牧区自动化、信息化的监控技术应用现状与需求，研究提出适宜不同的供水条件、经济管理水平的高寒干旱农牧区供水工程自动化监管模式；研发集成一体化供水测控箱；开发县级供水监管系统和水厂自动化监控系统，并进行典型示范。

7. 高寒干旱牧区牧场供水关键技术研究

分析高寒干旱牧区人畜饮水现状及存在的问题，开展牧场供水点的优化和布置研究，研究区域尺度上供水保证率达 90% 时供水点优化布局及指标体系；研究高寒干旱牧区的供水技术模式；研发牧场供水新能源提水设备；研究水源井防冻技术并进行示范应用。

1.5 研究方法与技术路线

通过对高寒干旱区范围内开展的农牧区典型供水工程调研和相关资料数据收集整理，梳理分析供水工程建设和管理巩固提升需求及相关研究进展情况，同时采取会议、专题讨论等方式与相关业务主管部门、科研院所等进行交流，并咨询相关专家，研究建立供水工程安全评价技术体系。

通过相关技术经验总结提炼，结合高寒干旱农牧区供水工程不同区域、不同水源、不同供水规模、不同管理水平等情况，就水源保护、水处理、消毒和水质检测技术模式选择和设备应用进行筛选和集成，形成农牧区供水巩固提升技术模式和自动化监管模式，编制《农牧区供水巩固提升技术标准（草案）》。

在充分收集分析资料、了解现状和实际需求的基础上，通过实验研究和借鉴已有工程建设经验，研发形成农牧区供水县级与水厂级自动化监控系统、一体化供水测控箱和牧场提供水机具、新型渗渠取水净化技术，提出自动化监管技术模式。

在工程调研中，结合精准扶贫工程选择典型工程，开展巩固提升水质净化消毒等技术模式、县级与水厂级自动化监控系统和牧场提供水机具和新型渗渠取水净化技术示范应用。

召开专家咨询讨论及示范工程应用，进一步完善《农牧区供水巩固提升技术标准（草案）》、供水工程安全评价体系及相关技术成果。

项目技术路线如图 1-1 所示。

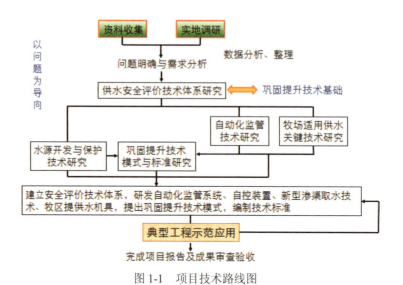

图 1-1　项目技术路线图

第2章 农牧区供水工程安全评价技术体系研究

高寒干旱农牧区供水工程先后经历了饮水安全起步（2000 年以前）、饮水解困（2001—2004 年）、饮水安全（2005—2015 年）三个阶段。截至 2015 年年底，高寒干旱区农村饮水安全问题基本解决，但受高寒干旱区山大沟深、农牧民居住分散、饮水工程单价投资高、建设难度大等原因影响，仍存在饮水不达标、易反复工程亟须巩固提升等需求与问题，特别是还有很多的贫困人口存在饮水问题和巩固提升需求，亟须进一步巩固提升。以青海省为例，截至 2015 年年底，共建成集中供水工程 2806 处，分散式供水工程 54615 处，农村饮水安全问题基本解决。但仍然存在 31.73 万贫困人口存在饮水问题，亟须进一步巩固提升。

针对大量的已建农牧区供水工程，如何科学评价农村供水工程建设和管理状况，以判断工程能不能正常运行、工程运行能不能长期可持续，是否需要进一步巩固提升，是开展巩固提升工程及下一步提档升级工作的基础，非常必要。

2.1 农村饮水安全评价指标体系构建

在收集梳理了现行饮水安全评价技术规范、饮水安全相关的行业技术标准、国内已经成功应用的研究成果、相关文献资料及综合考虑高寒干旱农牧区供水现状的基础上，以全面系统性、规范性、可操作性、层次性为原则，对安全评价技术体系的评价指标进行了初选。

2.1.1 指标选取的原则

1. 全面系统性原则

体系中各个指标之间必须能够成为一个有序、有机的统一体，而且要考虑到运行管理方方面面的内容，不可以偏概全、一概而论。考核指标的设立既要包括国家颁布的《农村饮用水安全卫生评价指标体系》中水质、水量、保证率、方便程度等几项基本指标，又要从高寒干旱农牧区的实际情况出发，充分吸取最新的饮水安全工程运行管理实践成果和经验教训，从而建立起一套能够系统、全面地反映高寒干旱区特色的饮水安全运行管理评价体系。

2. 规范性原则

指标体系中的各指标都要有规范的定义，也必须符合有关的法律、法规和文件，其计量和计算的范围、口径、方法等也必须规范，并且能够进行横向和纵向的比较分析，保证评价指标的可靠性，避免发生歧义。

3. 可操作性原则

评价指标分为定量和定性指标。每一项指标都必须具有较强的可操作性，尤其是定量指标，要言简意赅，含义明确，易于解释和理解。所依据的资料可以获得，所采用的计算方法能够适用于不同资料，便于实际测算和制订发展目标。

4. 层次性原则

农村饮水安全工程的影响因素众多，为了完整地描述农村饮水安全工程的整体特征，需要将其分解为相互关联的不同层次，相应的评价指标也根据不同的层次而设定，这样不仅能够反映出考核体系中各个指标的外在关系和内在结构，还能够发现关键问题，便于制订相应措施。

2.1.2 安全评价指标的确定

根据以上指标选取原则，在参照国家颁布的《生活饮用水卫生标准》《农村饮水安全评价指标体系》和相关研究成果的基础上，对安全评价体系的指标进行了初选。同时结合高寒干旱区涉及省份的农牧区饮水安全巩固提升精准扶贫"回头看"工作，以向贫困户发放调查问卷的形式对 2016 年农牧区饮水安全巩固提升工程进行了高寒干旱区涉及省份范围内的排查工作，通过排查，摸清了农村饮水安全的现状水平、未能按计划发挥正常效益的饮水安全工程存在的问题、出现饮水安全问题的主要原因。

根据青海省全省范围内的排查摸底工作，在对目前农牧区饮水安全水平全面排查的基础上，并依据"十三五"末饮水安全巩固提升工程需要达到的预期目标，对评价体系指标进行了筛选和修改。最终划分为工程级和区域级两个评价层级，确定了相应的饮水安全评价指标。构建的两个层级的评价指标体系均包含 3 层，从上而下分别为目标层、准则层和指标层。目标层表示该区域或工程的农村饮水安全状况。准则层表示影响农村饮水安全状况的因素。指标层分为区域级指标层和工程级指标层，其中，区域级包括水量、水质、用水方便程度和供水可持续性 4 个因素，工程级包括水量、水质、用水方便程度和工程可持续性 4 个因素。区域级指标层表示影响准则层 4 个因素的指标，包含 14 个指标。工程级指标层表示影响准则层 4 个因素的指标，包含 15 个指标。如图 2-1、图 2-2 所示。

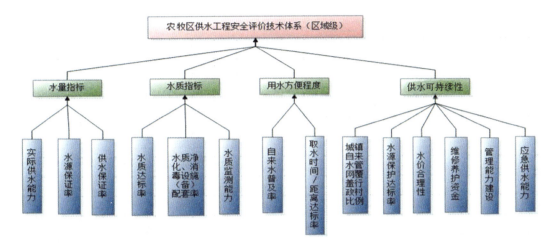

图 2-1　农牧区供水工程安全评价技术体系（区域级）

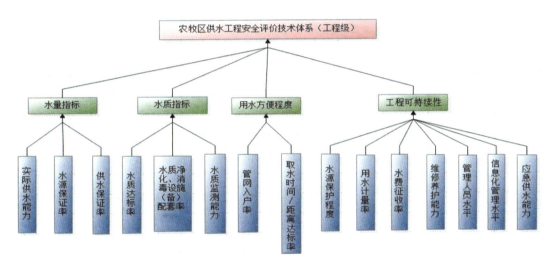

图 2-2　农牧区供水工程安全评价技术体系（工程级）

2.1.3　基于 AHP 的权重计算

农村饮水安全工程评价指标权重确定是农村人居水环境状况评价的一个非常重要的环节，是对评价参数重要性进行比较，识别其贡献大小的过程。层次分析法（Analytic Hierarchy Process，AHP）是一种能用来处理复杂的社会、政治、经济科学技术等决策问题的方法，是目前应用最广泛的确定指标权重的方法。该方法的基本思路就是把对多个评价指标权重的整体判断转化为对这些指标两两进行比较，然后按照指标的整体权重值的大小进行排序，最后确定各个元素的最终权重。由于农村饮水安全工程的多因素性、多层次性和多目标性，所以采用 AHP 法可以较好地对评价因子赋权，进而对农村人居水环境状况进行评价。

（1）构造判断矩阵，针对上一层次某因素，对本层次有关因素就相对重要性进行两两比较。根据 AHP 法 1～9 级标度，标度含义见表 2-1。层次结构模型建立后，邀请从事相关专业的专家、农村供水工程设计人员、农村饮水安全工程管理者、普通用水户等进行了指标重要性的问卷调查。

表 2-1　AHP 法 1～9 级标度及其含义

标度	含义
1	两个因素相比，两个因素同等重要
3	两个因素相比，一个比另一个稍微重要
5	两个因素相比，一个比另一个明显重要
7	两个因素相比，一个比另一个强烈重要
9	两个因素相比，一个比另一个极端重要
2，4，6，8	上述相邻判断的中值

（2）根据各问卷调查的结果得到各指标的判断矩阵。对判断矩阵的一致性进行检验，计算判断矩阵的最大特征值λ_{max}，再按 C.I.=$(\lambda_{max}-n)(n-1)$计算一致性指标 C.I.；然后确定平均一致性指标 R.I.；最后按 C.R.=C.I./R.I.，计算随机一致性比值 C.R.。

一般情况下，当 C.R.≤0.1 时，就认为判断矩阵有满意的一致性，可以进行层次单排序；当 C.R.>0.1 时，认为判断矩阵的一致性偏差太大，需要对判断矩阵进行调整，直到使其满足 C.R.≤0.1 为止。

（3）重要性排序。根据判断矩阵，求出最大特征根所对应的特征向量，特征向量为各评价因素重要性排序，即权值。判断矩阵最大特征根所对应的特征向量 W：

$$W = (W_1, W_2, \cdots, W_n)T$$

即为所求各具体指标的权重。其中：

$$W_i = \sqrt[n]{\prod_{j=1}^{n} u_{ij}} \left/ \sum_{i=1}^{n} \sqrt[n]{\prod_{j=1}^{n} u_{ij}} \right.$$

农村饮水安全工程评价指标体系在专家打分法对各指标重要性进行比较的基础上，结合层次分析法计算各指标权重，各指标权重值与评价标准见表 2-2、表 2-3。

表 2-2　农牧区供水工程安全评价指标权重（区域级）

序号	一级指标	权重	二级指标	权重
1	水量指标	0.2610	实际供水能力	0.1855
2			水源保证率	0.0376
3			供水保证率	0.0378

续表

序号	一级指标	权重	二级指标	权重
4	水质指标	0.2511	水质达标率	0.1275
5			水质净化、消毒设施（备）配套率	0.0795
6			水质监测能力	0.0441
7	用水方便程度	0.2574	自来水普及率	0.0816
8			取水时间/距离达标率	0.1758
9	供水可持续性	0.2305	城镇自来水管网覆盖行政村比例	0.0605
10			水源保护达标率	0.0313
11			水价合理性	0.0308
12			维修养护资金	0.0211
13			管理能力建设	0.0461
14			应急供水能力	0.0408

表 2-3 农牧区供水工程安全评价指标权重（工程级）

序号	一级指标	权重	二级指标	权重
1	水量指标	0.192	实际供水能力	0.016
2			水源保证率	0.023
3			供水保证率	0.025
4	水质指标	0.291	水质达标率	0.037
5			水质净化、消毒设施（备）配套率	0.031
6			水质监测能力	0.024
7	用水方便程度	0.235	管网入户率	0.078
8			取水时间/距离达标率	0.093
9	工程可持续性	0.270	水源保护程度	0.072
10			用水计量率	0.101
11			水费征收率	0.038
12			维修养护能力	0.066
13			管理人员水平	0.031
14			信息化管理水平	0.041
15			应急供水能力	0.056

2.2 评价方法

应用模糊综合评价法对区域/工程饮水安全水平进行评价。模糊综合评价法是一种基于模糊数学的综合评价方法。该综合评价法根据模糊数学的隶属度理论把定性评价转化为定量评价，即用模糊数学对受到多种因素制约的事物或对象作出一个总体的评价。它具有结果清晰、系统性强的特点，能较好地解决模糊的、难以量化的问题，适合各种非确定性问题的解决。

各项二级指标的权重分配完成后，将各项二级指标定义为"良好""中等"和"差"三个评价等级，分别对应不同的分值，根据指标体系形成针对具体某个区域或某个工程的评测问卷，根据评测问卷得到的分值数学平均后乘以层次分析法已经计算得出的权重，即为各项指标的加权平均得分，然后应用模糊综合评价法计算评价对象得分，并根据最大隶属度原则最终得出综合评价结论：

$$Q = \sum_{i=1}^{n} W_i \overline{A}_i \tag{2-1}$$

式中：Q——评价得分；

　　　W_i——第 i 项指标权重；

　　　$\overline{A}_i$——第 i 项指标评测的算术平均分。

第 3 章　高寒干旱农牧区供水巩固提升技术模式研究与标准编制

农村饮水安全工程大规模建设和科学研究均始于"十一五",起步晚,虽然取得了很多成功的工程经验和研究成果,但相较而言,高寒干旱区自然地理环境特殊、农牧区供水技术支撑力量薄弱,适用水源保护、水质净化消毒、自动化监管技术和设备严重缺乏。因此亟须结合高寒干旱区涉及省份农牧区实际供水条件,提出适宜的农村供水工程巩固提升技术模式,形成技术标准,为高寒干旱区涉及省份农牧区供水工程提档升级工作提供科技支撑。

3.1　巩固提升技术模式研究

3.1.1　农区巩固提升工程建设模式

农区农村人口居住较为集中,生产方式以种植业为主,农村供水基础条件相对牧区较好,农村人口居住集中、人口密度较大。

（1）现场调研分析。本研究选择青海省民和县和贵德县为农区示范县,开展了现场调研,如图 3-1 所示。

从现场调研情况看,民和县规模化集中式供水程度高,千吨万人规模以上工程有 8 处,城市管网延伸工程覆盖人口比例大,有城乡供水一体化、规模化发展需求与基础；农村供水工程以地表水源为主,存在季节性浊度较高、水质净化消毒设施配套不到位等问题,水质提升、自动化和信息化监管需求大。

贵德县以小型集中式供水工程为主,水源类型多样,包括浅层地下水、泉水和沟道水等,总体工程建设标准低、水源水质、水量保障程度低,水质净化消毒设施配套改造、达标建设应是现阶段巩固提升的主要任务。

（2）巩固提升建设模式的提出。针对农区农村供水存在的工程建设标准低、水质、水量保障程度不高和管理水平低等问题,按照"规模化发展、标准化建设、专业化管理、企业化运营"的总体原则,根据不同供水工程现状,结合区域供水发展布局和规划目标,提出以下巩固提升建设模式。

图 3-1　民和县、贵德县现场调研

一是以并网联网、管网延伸为基础的规模化发展巩固提升建设模式：在水源优化配置的基础上，按照重点发展集中连片规模化供水工程的思路，充分挖掘现有县城水厂和规模化集中供水工程供水潜力，改扩建、管网延伸扩大供水区域。适用于规模化供水工程建设有一定基础、人口居住集中农区，以民和县为典型。

二是新建规模化供水工程建设模式：在有优质可靠水源的地区新建规模化供水工程，覆盖原有工程规模小且水源保障不足、建设标准低、运行困难的供水工程，提高供水保障能力。

三是现有工程达标改造建设模式：按照"缺什么补什么"的原则进行达标改造，包括水源井更新改造（水源保护措施）、配套水质净化和消毒设备、管网更新改造等，全面提高供水保证率和水质达标率。

3.1.2　牧区巩固提升工程建设模式

本研究选择青海省刚察县和囊谦县为牧区示范县，开展了现场调研，如图 3-2 所示。

从现场调研情况看，刚察县属环青海湖地区，水源分散、保护难度大，工程规模小，集中供水率仅 57%，自来水入户率更低，牧场提供水需求大。

玉树藏族自治州（简称"玉树州"）囊谦县地处三江源地区，境内平均海拔 4000m 以上，全县总人口 11.18 万人，其中藏族人口占 99.4%，是省牧业大县，也是国家级贫困县。受自然条件、工程投资和牧民生活习惯等影响，囊谦县农村饮水安全工程以小型集中式供水工程和分散式供水工程为主，其中供水规模 $20 < W \leqslant 1000 \text{m}^3/\text{d}$ 供水工程 75 处，受益人口 5.7 万人；

分散式水源井（含泉水）483 处，受益人口 5.48 万人。农村饮水安全工程普遍存在建设标准较低、供水保证率不高、水源保护难度大和管理不到位等问题，水质达标率仅为 33.3%，除县城自来水厂采用漂白粉消毒之外，其余工程均没有消毒和水质净化设施，存在氟砷超标问题。

图 3-2　刚察县、囊谦县现场调研

针对牧区存在的工程性缺水、供水设施分散、建设标准低、管网入户率低等问题和巩固提升需求，结合牧区自然条件和生产生活方式的特点，按照技术可行、经济合理、运行安全、管理方便的原则，宜集中则集中，宜分散则分散，因地制宜进行达标改造。

一是在水源方面重点提升水源保证率，加强水源保护及生态涵养，根据《关于加强农村饮用水水源保护工作的指导意见》（环办〔2015〕53 号），分类推进水源保护区或保护范围划定工作。

二是在工程建设方面，在人口居住较集中的乡镇及牧民定居点发展规模化供水，推动规模化供水工程管网延伸扩网及小型供水工程并网；受条件限制时，重点开展小型集中供水工程和分散式供水工程标准化提质升级改造，鼓励牧民自行安装太阳能热水器、冲水厕所，改善生活条件；加强寒冷季节供水保障，加强管网入户，适度提升自来水普及率。

三是在运行管理方面，进一步健全完善基层管理体系建设，提升农村供水管理水平。

3.1.3　水质净化工艺改造配套模式

水质净化工艺改造配套模式应综合考虑农村供水工程原水水质特征、工程现状及运行管理条件等选择，提出地表水源工程常规水处理技术模式、包虫病区地表水源工程超滤膜过滤技术模式。

（1）地表水源工程常规水处理技术模式。对于河库水等地表水源，应配套常规水处理工艺；常规水处理工艺在实际应用中应根据原水浊度情况进行适当调整。当原水浊度长期不超过 20NTU，瞬间不超过 60NTU 时，可省去混凝与沉淀过程，采用微絮凝接触过滤净水工艺；当原水浊度经常超过 500NTU 或含沙量较大时，应增设预沉池或沉砂池；当原水季节性浊度变化较大时可设沉淀池超越管，水质较好时可超越沉淀池进行微絮凝过滤，当原水浊度小于 5NTU 时，可不加絮凝剂直接过滤。不同适用条件下常规水处理工艺如图 3-3 所示。

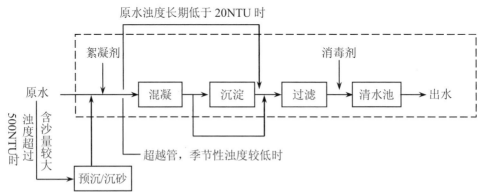

图 3-3   不同适用条件下常规水处理工艺

适用工程类型：千人以上地表水源供水工程。

水质条件：如原水存在有机物超标等情况，可采用预氧化+常规水处理工艺；千吨万人供水工程宜采用构筑物型式，千吨万人以下规模可采用一体化净水设备，也可采用常规水处理与超滤结合处理工艺。

（2）包虫病区地表水源工程超滤膜过滤技术模式。对于包虫病区，以地表水为水源的规模化农村供水工程，可采用超滤膜净水工艺，工艺流程图如 3-4 所示。

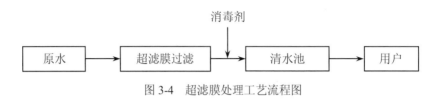

图 3-4   超滤膜处理工艺流程图

以地表水为水源的小型集中式供水工程，应优先采用取渗透水的方式进行预过滤，可采用石英砂过滤、微滤或超滤膜过滤工艺。

（3）氟砷超标地下水源工程反渗透膜处理技术模式。对于水质良好的地下水水源，可仅消毒后直接供用水户；对于高氟高砷地下水，应优先寻找优质水源替代，如无水源替代，可采用吸附、反渗透膜处理技术模式。

　　高氟水、高砷水处理技术以吸附法研究与应用最多，其核心是高效吸附剂的开发。由于高砷水中砷的浓度通常较氟化物浓度低 2 个数量级以上，吸附法除砷较除氟更有优势。除砷吸附剂以水合羟基铁氧化物为主，在内蒙古等地小型农村除砷供水工程中取得了较好的应用效果，混凝过滤法除砷在美国、欧洲部分国家等一些大型水厂有一定应用，也在我国饮用水突发性砷污染事件的应急处理中取得了良好效果。

　　典型反渗透膜法除氟除砷工艺如图 3-5 所示，一般由多介质过滤器（或砂滤罐）、精密过滤器、高压泵、反渗透膜组件、清洗系统、控制系统等组成。如采用分质供水方式，可增加罐装水单元，如采用与超标原水勾兑，可通过出水进入清水池与原水进行一定比例勾兑。

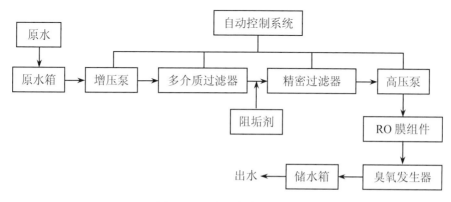

图 3-5　反渗透膜法处理工艺

3.1.4　消毒技术与设备配套模式

　　农牧区供水适用消毒方式主要包括次氯酸钠、二氧化氯、紫外线和臭氧消毒。根据不同消毒技术特点，结合高寒干旱农牧区供水工程建设管理现状，提出了适宜一定规模集中式供水工程的电解次氯酸钠消毒技术模式和适宜小微型供水工程的次氯酸钙等缓释消毒模式。

　　（1）电解次氯酸钠消毒技术模式。次氯酸钠消毒相对其他消毒方法来讲具有原材料购置方便、安全性高、持续消毒效果好等优点。次氯酸钠发生器包括无隔膜次氯酸钠发生器和隔膜法次氯酸钠发生器两种。传统无隔膜次氯酸钠发生器存在有效氯浓度不高、盐耗和电耗较高导致运行成本高等问题。为此，本研究重点从解决电解条件研究方面开展隔膜式现场电解现场发生产次氯酸钠装置研发，具有有效氯浓度高、消毒效果好、对原水水质影响小、运行成本低、运行管理方便等特点。但具有离子膜性能保护、次氯酸钠有效生成等问题。因此，研究主要针对上述问题，以膜法电解次氯酸钠发生装置的性能优化为重点，主要从电解槽进液流量、电解液循环方式、离子膜材料、氯气分离装置以及次氯酸钠生成反应条件等方面开展研究。

1）电解槽进液流量研究。电解槽进液流量对膜法电解次氯酸钠发生装置的运行效果影响试验中，流量分别设置为 1.8L/h，2.4L/h，3L/h，3.6L/h，4.2L/h，5.4L/h，电解电流为 20A，流量对发生装置运行效果的影响如图 3-6 所示。

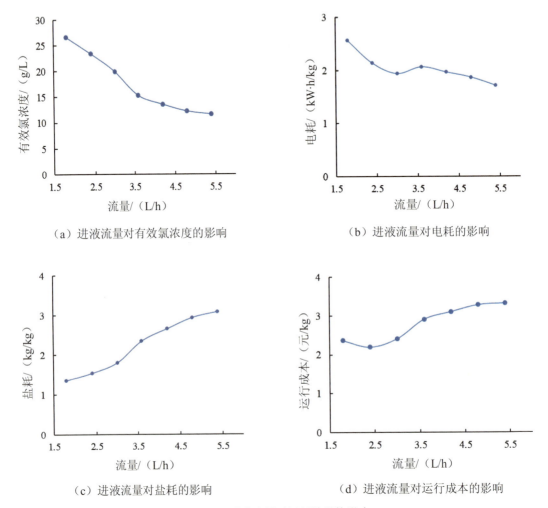

（a）进液流量对有效氯浓度的影响　　　　　（b）进液流量对电耗的影响

（c）进液流量对盐耗的影响　　　　　（d）进液流量对运行成本的影响

图 3-6　进液流量对运行效果的影响

由上图可知，有效氯浓度随着进液流量的增加而不断降低，电耗随着进液流量的增加呈现先降低后缓慢升高的趋势，盐耗则随着进液流量的增加而不断升高，当进液流量在 2.4L/h 时，发生装置运行效果最佳，运行成本最低，为 2.20 元/kg。

2）电解液循环方式研究。膜法电解次氯酸钠发生装置分别在泵入电解液的强制循环方式与依靠重力自流的自然循环方式下各运行 10d 以上，并分别测定发生装置在两种循环方式下的槽电压、电流效率、电耗、盐耗以及离子膜表面形态变化情况。其中短期运行效果见表 3-1，长期运行情况分别如图 3-7、图 3-8 所示。

表 3-1　强制循环与自然循环短期运行效果

流量/（L/h）	进液方式	电流/A	槽电压/V	电耗/（kW·h/kg）	盐耗/（kg/kg）
2.4	强制循环	20	6±0.1	2.14±0.12	1.54±0.1
	自然循环	20	5.68±0.12	1.74±0.11	1.32±0.11
3	强制循环	20	5.6±0.1	1.94±0.05	1.80±0.01
	自然循环	20	5.5±0.2	1.83±0.08	1.79±0.03

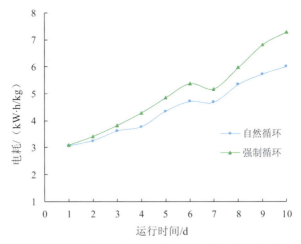

图 3-7　两种循环方式下发生装置电耗的长期运行情况

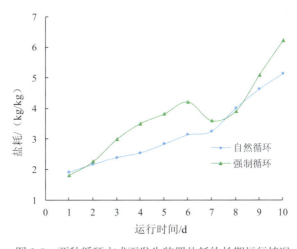

图 3-8　两种循环方式下发生装置盐耗的长期运行情况

　　由表 3-1 可知，强制循环与自然循环在进液流量、电解电流相同的条件下，强制循环的槽电压、电耗以及盐耗均高于自然循环，电流效率略低于自然循环；但是随着进液流量的增加，两种循环方式在槽电压、电耗以及盐耗方面的差异性逐渐减小。同时由图 3-7、图 3-8 可知，膜法电解次氯酸钠发生装置在强制循环和自然循环方式下长期运行后，电耗、盐耗均随着运行时间逐渐上升，其中，采用自然循环方式时，电耗、盐耗相对较低，运行 10d 后，自然循环方式的电耗、盐耗分别比强制循环低 17%和 16%。

3）电解液循环方式研究。该装置以带导流堰的隔膜式电解槽为核心，还包括进水配水系统、阳极氯气分离及盐水循环系统、阴极碱液循环系统、氯气负压吸收及次氯酸钠循环反应系统、循环水系统等。隔膜式电解次氯酸钠发生装置系统组成如图 3-9 所示。

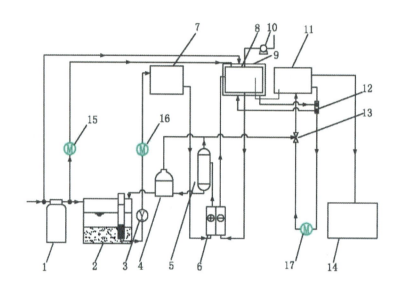

1—软水器；2—盐水配制箱；3—Y 型过滤器；4—带格栅板的淡盐水循环罐；5—气液分离器；
6—带导流堰的自然循环离子膜电解槽；7—高位盐水箱；8—高位碱液箱；9—碱液加热套；
10—氢气风机；11—次氯酸钠反应装置；12—换热器；13—水射器；14—成品次氯酸钠溶液箱；
15—补水泵；16—补盐水泵；17—碱液循环泵

图 3-9　隔膜式电解次氯酸钠发生装置系统组成

通过软水器产水配制饱和盐水，减少钙镁离子在膜上的沉积；通过采用带导流堰的隔膜电解槽使电解液能够在电解室内均匀分布，避免局部电解液浓度过大，保障电流效率及设备性能稳定；通过自然循环电解液循环方式和采用全氟磺酸单层膜，避免膜振动和起泡，延长膜的使用寿命；通过负压吸收氯气保证生产工艺安全，防止氯气泄漏；通过内部带格栅板的淡盐水循环罐，实现阳极室中氯气和未电解淡盐水的有效分离；通过高位碱液箱的设置和气体提升效应实现阴极液的循环。通过水射器、碱液循环泵、次氯酸钠反应装置组成的次氯酸钠循环反应系统，实现了氯气有效吸收，避免出现局部过氯化引起的次氯酸钠分解。

4）运行效果。该装置所产次氯酸钠溶液浓度有效氯浓度较无隔膜次氯酸钠发生器可提高 9 倍以上。与商品次氯酸钠溶液相比，投加入水中后，pH 值、溶解性总固体、钠离子、氯离子浓度改变很小，生成消毒副产物三卤甲烷的浓度可降低 50%以上。此外，通过工艺和装置设计使得膜使用寿命有效延长，优化盐耗和电耗，从而降低运行成本。装置交流电耗比无隔膜法发生器低 30%，盐耗比无隔膜法发生器低 60%，运行成本为 0.0078 元/m³。

将本研究研发装置与无隔膜法、常规隔膜法发生装置均连续运行 6h，对比交流电耗和盐耗随运行时间的变化，同时将上述 3 种装置与投加商品次氯酸钠的消毒的运行成本进行对比，具体如图 3-10、图 3-11 所示。

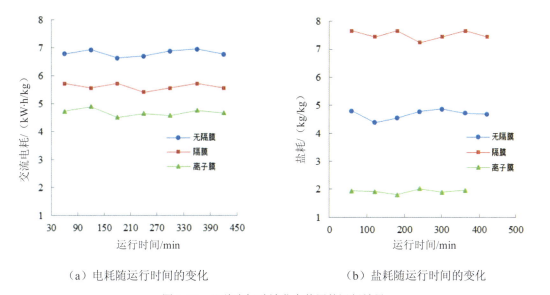

（a）电耗随运行时间的变化　　　　（b）盐耗随运行时间的变化

图 3-10　几种次氯酸钠发生装置的运行效果

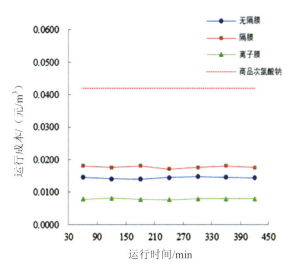

图 3-11　次氯酸钠消毒方式的运行成本比较

5）次氯酸钠消毒技术模式要点。次氯酸钠消毒技术模式是采用次氯酸钠，以次氯酸钠现场发生器及精量投加器等消毒设备进行消毒的一种技术模式。可采用项目组研发的新型隔膜式电解次氯酸钠发生器，可应用于农区有一定规模集中供水的工程中，其相较传统的无隔膜次氯酸钠发生器，具有有效氯浓度高、对原水水质影响小、消毒效果好、副产物生成量少、运行成本低等优点。次氯酸钠消毒技术模式如图 3-12 所示。

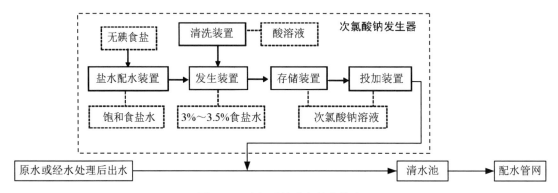

图 3-12　次氯酸钠消毒技术模式

技术特点：该模式具有持续杀菌效果，其核心消毒剂是次氯酸钠溶液，具有高效、广谱、安全等优点，可与水任意比互溶；饮用水消毒时需要与水有 30min 的接触时间。

适用条件：适用于具有一定供水规模、原水水质较好（$COD_{Mn} \leqslant 3mg/L$），且 pH 值不大于 8 的集中式供水工程。

安全投加技术要点：

①总体原则：应使出厂水和管网末梢水的余氯指标、微生物指标、消毒副产物指标符合《生活饮用水卫生标准》（GB 5749—2006）的要求，保证灭活致病微生物、防止管网二次污染，同时控制消毒副产物（主要是三卤甲烷和卤乙酸等）；②投加量的确定：次氯酸钠的投加量与原水中的氯氨比、pH 值、水温和接触时间等均密切相关，一般水源的滤前投加量（以有效氯计）可在 1.0～2.0mg/L 范围内选取，滤后或地下水投加量（以有效氯计）可在 0.5～1.0mg/L 范围内选取，具体可根据水厂运行试验或相似条件下水厂的运行经验初步确定后，再通过生产调试确定；③投加量调试方法：初步选取投加量后，检测出厂水的游离余氯是否不低于 0.3mg/L 且不超过 4.0mg/L，管网末梢水的游离余氯是否不低于 0.05mg/L，消毒副产物三氯甲烷是否不超过 0.06mg/L 等，如不符合则做相应调整，直至符合要求为止。④接触时间：次氯酸钠发生器所产生的次氯酸钠消毒液与水的接触时间应不低于 30min。

（2）次氯酸钙等缓释消毒技术模式。不具备供电条件的农牧区小微型集中供水工程，可通过旁路次氯酸钙片剂等缓释消毒剂溶解投加装置消毒。次氯酸钙投加装置工作过程如图 3-13 所示。装置安装在入清水池管线的动力水支路上，在进水水量增大时，气腔内水面升高，空气受压缩程度变大，溶药罐上与水接触的小孔数量增多，溶解进入水中的次氯酸钙更多，通过这一过程可粗略实现次氯酸钙投加量随处理水量变化而自动调整，即变量投加。装置后端的流量计可调节动力水支路的流量以控制装置进水的压力；单向阀可防止动力水停止时次氯酸钙溶液从出水口倒流进入装置。次氯酸钙变量投加装置工作过程如图 3-13 所示。

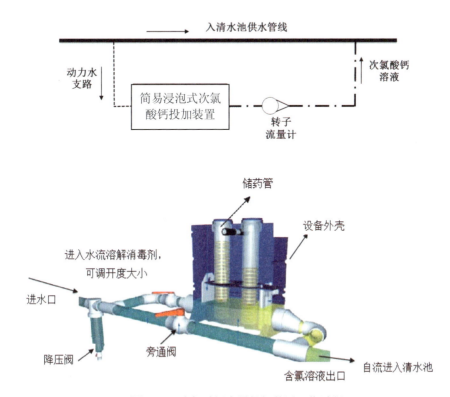

图 3-13　次氯酸钙变量投加装置工作过程

次氯酸钙消毒技术模式是采用次氯酸钙消毒技术，以次氯酸钙溶药投加装置消毒为核心；模式构成如图 3-14 所示。

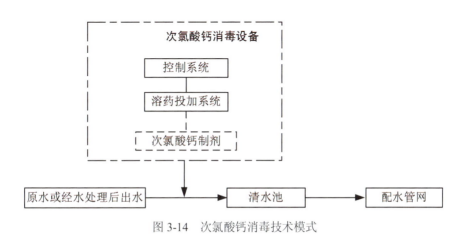

图 3-14　次氯酸钙消毒技术模式

技术特点：该技术模式具有持续杀菌效果；运行管理较简单，饮用水消毒时需要与水有 30min 的接触时间。

适用条件：适用于以地下水为水源、水质较好（$COD_{Mn} \leqslant 3mg/L$），且 pH 值不大于 8 的农牧区小微型供水工程。

安全投加技术要点：①总体原则：应使出厂水和管网末梢水的余氯指标、微生物指标、消毒副产物指标符合《生活饮用水卫生标准》（GB 5749—2006）的要求，保证灭活致病微生物、防止管网二次污染，同时控制消毒副产物（主要是三卤甲烷和卤乙酸等）；②投加量的确定：次氯酸钙的投加量与原水中的氯氨比、pH 值、水温和接触时间等均密切相关，一般水源的滤前投加量（以有效氯计）可在 1.0～2.0mg/L 范围内选取，滤后或地下水投加量（以有效氯计）可在 0.5～1.0mg/L 范围内选取，具体可根据水厂运行试验或相似条件下水厂的运行经验初步确定后，再通过生产调试确定；③投加量调试方法：初步选取投加量后，检测出厂水的游离余氯是否不低于 0.3mg/L 且不超过 4.0mg/L，管网末梢水的游离余氯是否不低于 0.05mg/L，消毒副产物三氯甲烷是否不超过 0.06mg/L 等，如不符合则做相应调整，直至符合要求为止；④接触时间：次氯酸钙消毒设备产生的次氯酸钙消毒液与水接触的时间应不少于 30min。

3.2　《农牧区供水巩固提升技术标准（草案）》标准编制

《农牧区供水巩固提升技术标准（草案）》包括范围、规范性引用文件、术语与定义、基本规定、规划布局、巩固提升标准要求、水源选择与保护、水质净化设施改造配套技术要求、消毒设备改造配套技术要求、水质检测、自动化监控与信息管理系统。主要内容包括以下 7 项。

3.2.1　规划布局

该标准给出了不同地区的区域农牧区供水规划布局，包括县城周边推进城乡一体化供水；平原地区农区利用规模化集中供水工程联网并网，尽可能全覆盖；山区、牧区因地制宜，现有工程达标改造。

3.2.2　巩固提升标准要求

该标准主要从供水水质、水量、水压、供水保证率和供水方便程度等方面提出了巩固提升工程建设标准；从不同规模供水工程分类提出了巩固提升标准。

3.2.3　水源选择与保护

该标准包括农区、牧区不同区域条件下的水源选择标准，适宜水源保护技术、包虫病区的水源选择与保护等。

3.2.4　水质净化设施改造配套技术要求

根据不同供水规模给出农牧区供水工程水质净化设施改造配套基本原则，规定了农牧区饮水安全巩固提升工程中常规水处理、微污染地表水及高氟高砷等劣质地下水处理、包虫病虫卵污染水源水处理技术等的适用范围、相关净化设施设备改造配套建设标准、关键技术参数、运行维护要点等。

3.2.5　消毒设备改造配套技术要求

结合农区、牧区供水工程特点，分别给出农区、牧区饮水安全巩固提升工程消毒工艺及设备改造配套的基本原则与要求。规定了次氯酸钠、二氧化氯、臭氧、紫外线等常用消毒技术在不同农牧区饮水安全巩固提升工程中的适用范围、消毒工艺及设备改造配套建设标准、关键技术参数、运行维护要点等。

3.2.6　水质检测技术

该标准包括千吨万人规模以上水厂化验室及区域级水质检测中心建设标准、水质检测指标、频次、方法等。

3.2.7　自动化监控与信息管理系统

该标准包括区域级农牧区饮水安全信息化管理系统和水厂级自动化监控系统的建设模式、系统功能与运行管理等规定。

《农牧区供水巩固提升技术标准（草案）》主要针对农牧区改扩建农村供水工程规划、建设和管理的关键技术问题编制相关标准，重点是对现有供水工程的评价，包括规则、设计和运行管理等，根据不同评价结论，分区、分类说明改造、扩建、重建等技术要点与标准，实用性、可操作性强。

第4章 高寒干旱农牧区饮水规划编制
（以青海省为例）

4.1 高寒干旱农牧区饮水安全巩固提升"十三五"规划

4.1.1 建设目标

到 2020 年，通过实施农牧区饮水安全巩固提升工程，综合采取改造和新建等工程措施，以及建立健全工程良性运行的长效机制，逐步建立"从源头到龙头"的农牧区饮水工程体系和运行管护机制。全面解决全省 1303 个贫困村、32.49 万贫困人口饮水问题，同步解决 42 个贫困县的农牧区供水巩固提升需求，统筹解决西宁市四辖区城乡供水一体化发展要求。进一步提升农牧区"四率"，即集中供水率、自来水普及率、水质达标率和供水保证率；同步实施供水"四化"，即城乡供水一体化、集中供水规模化、工程建设高标准化和运行管理市场化。

根据青海省实际情况，分区确定 2020 年年底全省农牧区巩固提升目标，其中农区包括东部地区和柴达木地区，牧区包括环青海湖地区和三江源地区。

农区：实施新建、改扩建集中式供水厂及延伸、并网扩网、更新改造管网等工程措施，达到供水能力全覆盖、供水全部到户的目标，实现城乡同质供水，形成"农区供水城乡一体化"。

牧区：在有条件的地区优先实施集中供水工程，在不具备集中供水条件的地区，通过小型集中和分散式供水工程标准化提质升级改造，加强水源保护，使供水保证率达到 90% 以上，实现农牧管理一体化，形成"牧区供水达标规范化"。

4.1.2 建设标准

（1）根据需要配备完善和规范使用水质净化消毒设施，使供水水质达到《生活饮用水卫生标准》（GB 5749－2006）的要求。

（2）改造和新建的集中供水工程供水量参照《村镇供水工程设计规范》（SL 687—2014）等确定，满足不同地区、不同用水条件的要求。以居民生活用水为主，统筹考虑饲养畜禽和二、三产业等用水。

（3）改造和新建的集中供水工程供水到户或到集中供水点，适宜地区大力推广管网入户工程。

（4）改造和新建的设计供水规模 200m³/d 以上的集中供水工程供水保证率一般不低于95%，其他小型供水工程或严重缺水地区不低于90%。

（5）改造和新建的供水工程各种构筑物和输配水管网建设应符合相关技术标准要求。

4.1.3　规划布局与分区

青海省除西宁市四辖区外，其他 42 个县级行政单位均属国家级扶贫开发工作重点县及集中连片特殊困难县。对于贫困地区，首先要全面解决贫困村、贫困人口的饮水问题，并按照农区和牧区分区布局、合理规划，同步解决全省 42 个县（市）农牧区供水巩固提升需求。对于西宁市四辖区，通过城市管网延伸，实现城乡供水一体化。

4.1.3.1　贫困地区

基于青海省贫困地区的全覆盖（除西宁市四辖区外），综合考虑农牧区分布及经济社会发展、地理位置、行政区划，结合区域水资源条件、用水需求、人口分布等因素，在优先解决贫困村、贫困人口饮水问题的前提下，全省贫困地区农村供水布局根据农区、牧区分别规划，统筹解决。农区包括东部地区和柴达木地区，牧区包括环青海湖地区和三江源地区。

（1）农区。农区包括东部地区、柴达木地区。其中东部地区包括西宁市 1 区 2 县 [大通回族土族自治县（简称"大通县"）、湟源县、湟中区]，海东市 2 区 4 县 [循化撒拉族自治县（简称"循化县"）、平安区、民和县、乐都区、化隆回族自治县（简称"化隆县"）、互助土族自治县（简称"互助县"）]，海南藏族自治州（简称"海南州"）贵德县，黄南藏族自治州（简称"黄南州"）同仁县、尖扎县，共 12 个县（区）；柴达木地区指海西蒙古族藏族自治州（简称"海西州"）格尔木市、德令哈市、乌兰县、都兰县和冷湖行委、茫崖行委、大柴旦行委。

东部地区是以西宁市为中心的促进全省经济社会协调发展的先导区，柴达木地区是全省的新型工业化基地，是支撑全省跨越发展的重要经济增长点和城乡一体化发展的先行地区。由东部地区和柴达木地区构成的农区农村人口居住较为集中，生产方式以种植业为主，农村供水基础条件相对牧区较好，农民居住集中，人口密度最大。

针对农区农村供水存在的资源性缺水、工程建设标准低、水质合格率不高和管理水平低等问题，按照"规模化发展、标准化建设、专业化管理、企业化运营"的原则，以县为单元整体推进，逐步实施供水"四化"。

一是水源优化配置基础上，按照重点发展集中连片规模化供水工程的思路进行规划，充分挖掘现有城镇水厂供水潜力，采取管网延伸扩大供水区域。

二是在有优质可靠水源的地区，新建规模化供水工程；对于原工程规模小且水源有条件的，尽可能进行改、扩建，采取联网并网，提高供水保证率。

三是对无水质净化和消毒措施的工程，根据水源水质条件，选择适宜水质净化和消毒技术与设备，提高水质达标率。

四是加强规模化供水工程自动化监控和县级信息化管理系统建设，推进专业化管理、企业化经营。

总的说来，在加强水源保障和水源合理调度的基础上，逐步推进城市管网延伸和规模化水厂供水，实现集中供水全覆盖，同时加强推动自动化监控等信息化能力建设，全面提升农村供水监管水平。

（2）牧区。牧区的生产方式以畜牧业为主，人口居住较为分散、季节性流动性较强，包括环青海湖地区和三江源地区。环青海湖地区包括海北藏族自治州（简称"海北州"）的海晏县、门源回族自治县（简称"门源县"）、祁连县、刚察县 4 个县，海南州的共和县与贵南县，海西州的天峻县；三江源地区包括玉树藏族自治州 1 市 5 县（玉树市、杂多县、称多县、治多县、囊谦县、曲麻莱县），果洛藏族自治州（简称"果洛州"）6 县（玛沁县、甘德县、达日县、玛多县、班玛县、久治县），海南州的兴海县与同德县，黄南州的泽库县与河南蒙古族自治县，海西州格尔木市的唐古拉山镇。

（3）贫困人口饮水问题精准识别。全省 42 个贫困县还有 1622 个贫困村，共计 52 万贫困人口，多数人口居住在干旱山区和高寒牧区，扶贫开发难度大。

中共青海省委十二届九次全会指出，深入学习贯彻习近平总书记关于扶贫攻坚的重要讲话精神，对青海省加快整体脱贫步伐的战略任务进行了部署，指出要准确把握当前扶贫攻坚的目标、路径、举措和要求，在全面建成小康社会的进程中，决不让贫困群众掉队，一个民族也不能少。根据省委精神，依据"因村制宜、补齐短板、精准扶贫、精准脱贫"的工作原则，坚持问题导向，强化政策措施，加大行业投入力度，统筹安排解决。

本次规划中，根据省委农牧区及扶贫开发工作领导小组《关于印发贯彻落实省委十二届九次全会精神加快推进整体脱贫责任分工方案的通知》精神，对全省所有贫困村供水情况进行了摸底调查，结合《青海省"十三五"易地扶贫搬迁规划》和《青海省水利扶贫专项方案》，确定全省还有 1303 个贫困村、32.49 万贫困人口需要解决饮水巩固提升问题。

其中，由于生态环境恶劣，"一方水土养不起一方人"，需易地搬迁的贫困村 592 个，贫困人口 11.85 万人，其中整村搬迁 135 个，涉及贫困人口 3.92 万人，在新安置点需通过新建供水工程等措施保障饮水安全；零散搬迁贫困村数 457 个，贫困人口 7.93 万人，在新移民点安置后，需通过原有工程扩建、扩网等措施，解决移民安置饮水问题。

由于牧区人口居住分散，尤其贫困村和贫困户更多处于偏远地区，68 个贫困村水源井分布密度不足，涉及 2.04 万贫困人口到水源井取水距离长、吃水不方便，需加密偏僻分散用户的水源井，提高取水方便程度。

另有 643 个贫困村，18.60 万贫困人口由于工程设施老化、水源保证率不高、水质不达标等，需通过新建、改造、配套等措施，改善供水水质、提高供水保障程度。

4.1.3.2 西宁市四辖区

西宁市是青海省省会城市，是全省的社会经济发展中心，郊区农村有条件通过城市管网延伸实现城乡一体化供水。针对城北区和城中区涉及 14 个行政村的 1.78 万人目前仍采用单村供水工程所存在的设施老化等问题，规划采用城市管网延伸实现城乡供水同网、同质、同服务。针对 3 处老化失修集中供水工程，涉及 0.59 万人，通过水源改造、输水管网更新改造等，提升供水保障程度。

4.1.4 建设内容

全省"十三五"期间拟通过改造、配套、管网延伸、新建等工程措施，并强化水源保护、水质检测、自动化监控信息化管理等能力建设，聚焦 1303 个贫困村、32.49 万贫困人口饮水问题，同步解决"吃水不稳定、吃水不干净、吃水不方便及吃水不长效"的 182.25 万农牧区非贫困人口的巩固提升需求，全面提升"四率"。

聚集精准扶贫、依据总体布局，工程建设内容分为三个层次：一是贫困地区建档立卡贫困人口巩固提升工程，二是贫困地区其他巩固提升工程，三是非贫困地区西宁市四辖区城乡一体化供水工程。此外，能力建设也是规划实施的重要内容。

4.1.4.1 建档立卡贫困人口巩固提升工程

针对全省 1303 个贫困村、32.49 万贫困人口的饮水问题和巩固提升需求，通过新建 2366 处供水工程（集中供水工程 232 处、分散供水工程 2134 处）、改造 517 处集中供水工程全面解决，工程总受益人口 142.31 万人，详见表 4-1。

表 4-1　建档立卡贫困人口巩固提升工程汇总表

行政区划	工程规模及水源类型		工程数量	供水人口	涉及贫困村	受益贫困人口	新建工程				改造配套工程			
							工程数量	供水人口	涉及贫困村	受益贫困人口	工程数量	供水人口	涉及贫困村	受益贫困人口
	m³/d		处	万人	个	万人	处	万人	个	万人	处	万人	个	万人
全省合计	总计		2883	142.31	1303	32.49	2366	13.83	204	6.34	517	128.48	1099	26.15
	W>1000 工程	地表水	48	60.78	301	6.89	0	0.00	0	0.00	48	60.78	301	6.89
		地下水	3	3.08	11	0.08	0	0.00	0	0.00	3	3.08	11	0.08
	200<W≤1000 工程	地表水	132	38.48	359	9.06	2	0.42	1	0.01	130	38.06	358	9.05
		地下水	5	1.59	2	0.06	1	0.21	0	0.02	4	1.37	2	0.05
	20<W≤200 工程	地表水	432	30.19	504	13.38	187	9.47	115	3.92	245	20.72	389	9.46
		地下水	69	4.41	12	0.45	1	0.12	0	0.00	68	4.29	12	0.45
	20m³/d 以下集中供水工程	地表水	60	0.84	46	0.53	41	0.66	20	0.35	19	0.18	26	0.18
		地下水	0	0.00	0	0.00	0	0.00	0	0.00	0	0.00	0	0.00
	分散供水工程	地表水	14	0.01	4	0.01	14	0.01	4	0.01	0	0.00	0	0.00
		地下水	2120	2.94	64	2.02	2120	2.94	64	2.02	0	0.00	0	0.00
西宁市	总计		102	31.84	215	3.50	41	2.26	30	0.44	61	29.58	185	3.06
	W>1000 工程	地表水	7	20.51	103	1.46	0	0.00	0	0.00	7	20.51	103	1.46
		地下水	0	0.00	0	0.00	0	0.00	0	0.00	0	0.00	0	0.00
	200<W≤1000 工程	地表水	18	6.03	31	0.68	2	0.42	1	0.01	16	5.61	30	0.67
		地下水	0	0.00	0	0.00	0	0.00	0	0.00	0	0.00	0	0.00
	20<W≤200 工程	地表水	72	5.23	78	1.34	35	1.77	26	0.41	37	3.45	52	0.93
		地下水	0	0.00	0	0.00	0	0.00	0	0.00	0	0.00	0	0.00
	20m³/d 以下集中供水工程	地表水	5	0.07	3	0.02	4	0.07	3	0.02	1	0.00	0	0.00
		地下水	0	0.00	0	0.00	0	0.00	0	0.00	0	0.00	0	0.00
	分散供水工程	地表水	0	0.00	0	0.00	0	0.00	0	0.00	0	0.00	0	0.00
		地下水	0	0.00	0	0.00	0	0.00	0	0.00	0	0.00	0	0.00
海东市	总计		244	56.88	503	12.55	66	2.76	53	1.03	178	54.12	450	11.52
	W>1000 工程	地表水	37	34.66	156	4.74	0	0.00	0	0.00	37	34.66	156	4.74
		地下水	0	0.00	0	0.00	0	0.00	0	0.00	0	0.00	0	0.00
	200<W≤1000 工程	地表水	48	13.31	186	4.15	0	0.00	0	0.00	48	13.31	186	4.15
		地下水	0	0.00	0	0.00	0	0.00	0	0.00	0	0.00	0	0.00
	20<W≤200 工程	地表水	142	8.70	148	3.50	55	2.63	44	0.95	87	6.07	104	2.55
		地下水	0	0.00	0	0.00	0	0.00	0	0.00	0	0.00	0	0.00
	20m³/d 以下集中供水工程	地表水	17	0.21	13	0.16	11	0.13	9	0.08	6	0.08	4	0.08
		地下水	0	0.00	0	0.00	0	0.00	0	0.00	0	0.00	0	0.00
	分散供水工程	地表水	0	0.00	0	0.00	0	0.00	0	0.00	0	0.00	0	0.00
		地下水	0	0.00	0	0.00	0	0.00	0	0.00	0	0.00	0	0.00

行政区划	工程规模及水源类型		工程数量	供水人口	涉及贫困村	受益贫困人口	新建工程				改造配套工程			
							工程数量	供水人口	涉及贫困村	受益贫困人口	工程数量	供水人口	涉及贫困村	受益贫困人口
	m³/d		处	万人	个	万人	处	万人	个	万人	处	万人	个	万人
海北州	总计		320	8.45	86	2.06	293	0.88	10	0.50	27.00	7.58	76	1.56
	W>1000 工程	地表水	2	3.29	23	0.61	0	0.00	0	0.00	2	3.29	23	0.61
		地下水	0	0.00	0	0.00	0	0.00	0	0.00	0	0.00	0	0.00
	200<W≤1000 工程	地表水	17	3.99	18	0.75	0	0.00	0	0.00	17	3.99	18	0.75
		地下水	2	0.30	0	0.02	1	0.21	0	0.02	1	0.09	0	0.01
	20<W≤200 工程	地表水	10	0.50	37	0.33	4	0.30	2	0.14	6	0.20	35	0.19
		地下水	0	0.00	0	0.00	0	0.00	0	0.00	0	0.00	0	0.00
	20m³/d 以下集中供水工程	地表水	4	0.04	2	0.02	3	0.04	2	0.01	1	0.01	0	0.01
		地下水	0	0.00	0	0.00	0	0.00	0	0.00	0	0.00	0	0.00
	分散供水工程	地表水	0	0.00	0	0.00	0	0.00	0	0.00	0	0.00	0	0.00
		地下水	285	0.33	6	0.33	285	0.33	6	0.33	0	0.00	0	0.00
黄南州	总计		166	7.87	89	2.98	114	2.93	24	1.72	52	4.94	65	1.26
	W>1000 工程	地表水	0	0.00	0	0.00	0	0.00	0	0.00	0	0.00	0	0.00
		地下水	0	0.00	0	0.00	0	0.00	0	0.00	0	0.00	0	0.00
	200<W≤1000 工程	地表水	3	0.97	2	0.11	0	0.00	0	0.00	3	0.97	2	0.11
		地下水	1	0.29	0	0.00	0	0.00	0	0.00	1	0.29	0	0.00
	20<W≤200 工程	地表水	92	5.50	79	2.56	58	2.70	19	1.52	34	2.80	60	1.04
		地下水	14	0.88	3	0.11	0	0.00	0	0.00	14	0.88	3	0.11
	20m³/d 以下集中供水工程	地表水	6	0.08	0	0.05	6	0.08	0	0.05	0	0.00	0	0.00
		地下水	0	0.00	0	0.00	0	0.00	0	0.00	0	0.00	0	0.00
	分散供水工程	地表水	0	0.00	0	0.00	0	0.00	0	0.00	0	0.00	0	0.00
		地下水	50	0.15	5	0.15	50	0.15	5	0.15	0	0.00	0	0.00
海南州	总计		237	18.26	162	2.87	131	1.28	22	0.51	106	16.98	140	2.36
	W>1000 工程	地表水	0	0.00	0	0.00	0	0.00	0	0.00	0	0.00	0	0.00
		地下水	0	0.00	0	0.00	0	0.00	0	0.00	0	0.00	0	0.00
	200<W≤1000 工程	地表水	30	10.81	90	1.52	0	0.00	0	0.00	30	10.81	90	1.52
		地下水	0	0.00	0	0.00	0	0.00	0	0.00	0	0.00	0	0.00
	20<W≤200 工程	地表水	45	3.89	57	0.98	20	1.04	16	0.39	25	2.85	41	0.59
		地下水	52	3.44	9	0.25	1	0.12	0	0.00	51	3.32	9	0.25
	20m³/d 以下集中供水工程	地表水	2	0.02	1	0.02	2	0.02	1	0.02	0	0.00	0	0.00
		地下水	0	0.00	0	0.00	0	0.00	0	0.00	0	0.00	0	0.00
	分散供水工程	地表水	0	0.00	0	0.00	0	0.00	0	0.00	0	0.00	0	0.00
		地下水	108	0.10	5	0.10	108	0.10	5	0.10	0	0.00	0	0.00

续表

行政区划	工程规模及水源类型		工程数量	供水人口	涉及贫困村	受益贫困人口	新建工程				改造配套工程			
							工程数量	供水人口	涉及贫困村	受益贫困人口	工程数量	供水人口	涉及贫困村	受益贫困人口
	m³/d		处	万人	个	万人	处	万人	个	万人	处	万人	个	万人
果洛州	总计		442	3.34	71	2.67	420	0.91	23	0.72	22	2.43	48	1.95
	W>1000 工程	地表水	0	0.00	0	0.00	0	0.00	0	0.00	0	0.00	0	0.00
		地下水	0	0.00	0	0.00	0	0.00	0	0.00	0	0.00	0	0.00
	200<W≤1000 工程	地表水	10	1.61	28	1.35	0	0.00	0	0.00	10	1.61	28	1.35
		地下水	0	0.00	0	0.00	0	0.00	0	0.00	0	0.00	0	0.00
	20<W≤200 工程	地表水	11	0.83	23	0.56	3	0.11	3	0.06	8	0.72	20	0.50
		地下水	3	0.09	0	0.09	0	0.00	0	0.00	3	0.09	0	0.09
	20m³/d 以下集中供水工程	地表水	14	0.30	4	0.18	13	0.29	4	0.17	1	0.01	0	0.01
		地下水	0	0.00	0	0.00	0	0.00	0	0.00	0	0.00	0	0.00
	分散供水工程	地表水	0	0.00	0	0.00	0	0.00	0	0.00	0	0.00	0	0.00
		地下水	404	0.51	16	0.49	404	0.51	16	0.49	0	0.00	0	0.00
玉树州	总计		1266	7.21	82	5.36	1216	2.43	25	1.30	50	4.78	57	4.07
	W>1000 工程	地表水	0	0.00	0	0.00	0	0.00	0	0.00	0	0.00	0	0.00
		地下水	0	0.00	0	0.00	0	0.00	0	0.00	0	0.00	0	0.00
	200<W≤1000 工程	地表水	3	0.59	1	0.47	0	0.00	0	0.00	3	0.59	1	0.47
		地下水	0	0.00	0	0.00	0	0.00	0	0.00	0	0.00	0	0.00
	20<W≤200 工程	地表水	51	4.81	53	3.97	7	0.66	3	0.42	44	4.15	50	3.55
		地下水	0	0.00	0	0.00	0	0.00	0	0.00	0	0.00	0	0.00
	20m³/d 以下集中供水工程	地表水	3	0.04	6	0.04	0	0.00	0	0.00	3	0.04	6	0.04
		地下水	0	0.00	0	0.00	0	0.00	0	0.00	0	0.00	0	0.00
	分散供水工程	地表水	0	0.00	0	0.00	0	0.00	0	0.00	0	0.00	0	0.00
		地下水	1209	1.77	22	0.88	1209	1.77	22	0.88	0	0.00	0	0.00
海西州	总计		106	8.47	95	0.48	85	0.38	17	0.12	21	8.09	78	0.36
	W>1000 工程	地表水	2	2.33	19	0.09	0	0.00	0	0.00	2	2.33	19	0.09
		地下水	3	3.08	11	0.08	0	0.00	0	0.00	3	3.08	11	0.08
	200<W≤1000 工程	地表水	3	1.17	3	0.03	0	0.00	0	0.00	3	1.17	3	0.03
		地下水	2	1.00	2	0.04	0	0.00	0	0.00	2	1.00	2	0.04
	20<W≤200 工程	地表水	9	0.74	29	0.13	5	0.26	2	0.03	4	0.48	27	0.10
		地下水	0	0.00	0	0.00	0	0.00	0	0.00	0	0.00	0	0.00
	20m³/d 以下集中供水工程	地表水	9	0.06	17	0.04	2	0.03	1	0.00	7	0.03	16	0.03
		地下水	0	0.00	0	0.00	0	0.00	0	0.00	0	0.00	0	0.00
	分散供水工程	地表水	14	0.01	4	0.01	14	0.01	4	0.01	0	0.00	0	0.00
		地下水	64	0.08	10	0.07	64	0.08	10	0.07	0	0.00	0	0.00

（1）工程建设类型。

1）新建工程。易地搬迁新建工程，针对涉及 135 个贫困村，3.92 万贫困人口的整村易地搬迁，新建 224 处集中供水工程全面解决安置新村供水需求，工程总受益人口 9.96 万人。其中 135 个贫困村整村搬迁人口数 6.08 万人，贫困人口 2.43 万人，新建工程 135 处；非贫困村含贫困人口整村搬迁人口数 3.88 万人，贫困人口 1.49 万人，新建工程 89 处。

老化失修工程重建，针对 1 个贫困村，0.38 万贫困人口因原有工程建设年限早、工程标准低、无法正常运行等原因新出现的吃水不稳定、易反复问题，新建工程 8 处，总受益人口 0.92 万人。

分散供水工程新建，在地理位置偏远、贫困人口居住分散、集中式供水工程投资高且建设难度大的藏族聚居区牧区，针对因分散式水源井密度不足而导致"吃水不方便"的问题，新建分散式供水工程（小口机井、土井、水窖、水柜）2134 处，受益贫困村 68 个、贫困人口 2.04 万人，总受益人口 2.95 万人。

合计新建工程 2366 处，受益贫困村 204 个、贫困人口 6.34 万人，总受益人口 13.83 万人，新建集中供水工程详见表 4-2。

表 4-2　建档立卡贫困人口巩固提升工程中新建供水工程汇总表

行政区划	工程规模及水源类型	贫困村易地扶贫搬迁工程			非贫困村含贫困人口易地搬迁新建工程			工程老化失修，新建				新建分散供水工程			
		工程数量	受益人口	涉及贫困村数	受益贫困人口	工程数量	受益人口	受益贫困人口	工程数量	受益人口	涉及贫困村数	受益贫困人口	工程数量	受益人口	涉及贫困村数	受益贫困人口
		个	万人	个	万人	个	万人	万人	个	万人	个	万人	个	万人	个	万人
全省合计	总计	135	6.08	135	2.43	89	3.88	1.49	8	0.92	1	0.38	2134	2.95	68	2.04
	W>1000 工程	0	0.00	0	0.00	0	0.00	0.00	0	0.00	0	0.00	0	0.00	0	0.00
	200<W≤1000 工程	1	0.26	1	0.01	1	0.16	0.00	1	0.21	0	0.02	0	0.00	0	0.00
	20<W≤200 工程	114	5.56	114	2.25	67	3.33	1.31	7	0.70	1	0.36	0	0.00	0	0.00
	20m³/d 以下供水工程	20	0.26	20	0.17	21	0.39	0.18	0	0.00	0	0.00	2134	2.95	68	2.04
西宁市合计	W>1000 工程	0	0.00	0	0.00	0	0.00	0.00	0	0.00	0	0.00	0	0.00	0	0.00
	200<W≤1000 工程	1	0.26	1	0.01	1	0.16	0.00	0	0.00	0	0.00	0	0.00	0	0.00
	20<W≤200 工程	26	1.36	26	0.35	9	0.42	0.06	0	0.00	0	0.00	0	0.00	0	0.00
	20m³/d 以下供水工程	3	0.05	3	0.02	1	0.02	0.00	0	0.00	0	0.00	0	0.00	0	0.00
海东市合计	W>1000 工程	0	0.00	0	0.00	0	0.00	0.00	0	0.00	0	0.00	0	0.00	0	0.00
	200<W≤1000 工程	0	0.00	0	0.00	0	0.00	0.00	0	0.00	0	0.00	0	0.00	0	0.00
	20<W≤200 工程	44	2.02	44	0.77	11	0.61	0.19	0	0.00	0	0.00	0	0.00	0	0.00
	20m³/d 以下供水工程	9	0.10	9	0.07	2	0.03	0.01	0	0.00	0	0.00	0	0.00	0	0.00

续表

行政区划	工程规模及水源类型	贫困村易地扶贫搬迁工程				非贫困村含贫困人口易地搬迁新建工程			工程老化失修，新建				新建分散供水工程			
		工程数量	受益人口	涉及贫困村数	受益贫困人口	工程数量	受益人口	受益贫困人口	工程数量	受益人口	涉及贫困村数	受益贫困人口	工程数量	受益人口	涉及贫困村数	受益贫困人口
		个	万人	个	万人	个	万人	万人	个	万人	个	万人	个	万人	个	万人
海北州合计	W>1000 工程	0	0.00	0	0.00	0	0.00	0.00	0	0.00	0	0.00	0	0.00	0	0.00
	200<W≤1000 工程	0	0.00	0	0.00	0	0.00	0.00	1	0.21	0	0.02	0	0.00	0	0.00
	20<W≤200 工程	2	0.15	2	0.10	2	0.15	0.04	0	0.00	0	0.00	0	0.00	0	0.00
	20m³/d 以下供水工程	2	0.02	2	0.01	1	0.01	0.00	0	0.00	0	0.00	285	0.33	6	0.33
黄南州合计	W>1000 工程	0	0.00	0	0.00	0	0.00	0.00	0	0.00	0	0.00	0	0.00	0	0.00
	200<W≤1000 工程	0	0.00	0	0.00	0	0.00	0.00	0	0.00	0	0.00	0	0.00	0	0.00
	20<W≤200 工程	19	0.87	19	0.53	39	1.84	0.99	0	0.00	0	0.00	0	0.00	0	0.00
	20m³/d 以下供水工程	0	0.00	0	0.00	6	0.08	0.05	0	0.00	0	0.00	50	0.15	5	0.15
海南州合计	W>1000 工程	0	0.00	0	0.00	0	0.00	0.00	0	0.00	0	0.00	0	0.00	0	0.00
	200<W≤1000 工程	0	0.00	0	0.00	0	0.00	0.00	0	0.00	0	0.00	0	0.00	0	0.00
	20<W≤200 工程	16	0.82	16	0.34	3	0.16	0.02	2	0.18	0	0.02	0	0.00	0	0.00
	20m³/d 以下供水工程	1	0.01	1	0.01	1	0.01	0.01	0	0.00	0	0.00	108	0.10	5	0.10
果洛州合计	W>1000 工程	0	0.00	0	0.00	0	0.00	0.00	0	0.00	0	0.00	0	0.00	0	0.00
	200<W≤1000 工程	0	0.00	0	0.00	0	0.00	0.00	0	0.00	0	0.00	0	0.00	0	0.00
	20<W≤200 工程	3	0.11	3	0.06	0	0.00	0.00	0	0.00	0	0.00	0	0.00	0	0.00
	220m³/d 以下供水工程	4	0.07	4	0.06	9	0.22	0.11	0	0.00	0	0.00	404	0.51	16	0.49
玉树州合计	W>1000 工程	0	0.00	0	0.00	0	0.00	0.00	0	0.00	0	0.00	0	0.00	0	0.00
	200<W≤1000 工程	0	0.00	0	0.00	0	0.00	0.00	0	0.00	0	0.00	0	0.00	0	0.00
	20<W≤200 工程	2	0.14	2	0.08	0	0.00	0.00	5	0.52	1	0.34	0	0.00	0	0.00
	20m³/d 以下供水工程	0	0.00	0	0.00	0	0.00	0.00	0	0.00	0	0.00	1209	1.77	22	0.88
海西州合计	W>1000 工程	0	0.00	0	0.00	0	0.00	0.00	0	0.00	0	0.00	0	0.00	0	0.00
	200<W≤1000 工程	0	0.00	0	0.00	0	0.00	0.00	0	0.00	0	0.00	0	0.00	0	0.00
	20<W≤200 工程	2	0.10	2	0.03	3	0.16	0.00	0	0.00	0	0.00	0	0.00	0	0.00
	20m³/d 以下供水工程	1	0.01	1	0.00	1	0.02	0.00	0	0.00	0	0.00	78	0.09	14	0.09

2）改造工程。零散搬迁改造工程，针对 457 个贫困村，7.93 万贫困人口的零散易地搬迁饮水问题，并网扩网改造集中供水工程 68 处，工程总供水人口 10.26 万人。

改造配套工程，针对 642 个贫困村、18.22 万贫困人口的"吃水不干净""吃水不稳定"等问题，提高工程建设标准，提升水质达标率、供水保证率，改造集中式供水工程 449 处，工程总受益人口 118.22 万人。

合计改造集中供水工程 517 处，受益贫困村 1099 个、贫困人口 26.15 万人，总受益人口 128.48 万人，详见表 4-3。

表 4-3　建档立卡贫困人口巩固提升工程中改造工程汇总表

行政区划	工程规模及水源类型	精准扶贫工程中改造工程汇总表										
		贫困村零散易地搬迁改造工程				非贫困村零散易地搬迁改造工程			非易地扶贫搬迁改造配套工程			
		工程数量	供水人口	涉及贫困村数	受益贫困人口	工程数量	供水人口	受益贫困人口	工程数量	供水人口	涉及贫困村数	受益贫困人口
	m^3/d	处	万人	个	万人	处	万人	万人	处	万人	个	万人
全省合计	总计	33	5.78	457	4.48	35	4.48	3.45	449	118.22	642	18.22
	W>1000 工程	0	0.00	0	0.00	0	0.00	0.00	48	60.78	301	6.89
		0	0.00	0	0.00	0	0.00	0.00	3	3.08	11	0.08
	200<W≤1000 工程	9	4.03	210	2.76	8	2.91	1.97	113	31.12	148	4.32
		0	0.00	0	0.00	0	0.00	0.00	4	1.37	2	0.05
	20<W≤200 工程	18	1.70	224	1.67	17	1.50	1.41	210	17.53	165	6.38
		0	0.00	0	0.00	0	0.00	0.00	68	4.29	12	0.45
	20m³/d 以下集中供水工程	6	0.05	23	0.05	10	0.07	0.07	3	0.06	3	0.06
		0	0.00	0	0.00	0	0.00	0.00	0	0.00	0	0.00
	分散供水工程	0	0.00	0	0.00	0	0.00	0.00	0	0.00	0	0.00
		0	0.00	0	0.00	0	0.00	0.00	0	0.00	0	0.00
西宁市	W>1000 工程	0	0.00	0	0.00	0	0.00	0.00	7	20.51	103	1.46
		0	0.00	0	0.00	0	0.00	0.00	0	0.00	0	0.00
	200<W≤1000 工程	1	0.21	10	0.07	1	0.20	0.12	14	5.21	20	0.47
		0	0.00	0	0.00	0	0.00	0.00	0	0.00	0	0.00
	20<W≤200 工程	1	0.04	17	0.04	2	0.11	0.10	34	3.31	35	0.79
		0	0.00	0	0.00	0	0.00	0.00	0	0.00	0	0.00
	20m³/d 以下集中供水工程	0	0.00	0	0.00	1	0.00	0.00	0	0.00	0	0.00
		0	0.00	0	0.00	0	0.00	0.00	0	0.00	0	0.00
	分散供水工程	0	0.00	0	0.00	0	0.00	0.00	0	0.00	0	0.00
		0	0.00	0	0.00	0	0.00	0.00	0	0.00	0	0.00
海东市	W>1000 工程	0	0.00	0	0.00	0	0.00	0.00	37	34.66	156	4.74
		0	0.00	0	0.00	0	0.00	0.00	0	0.00	0	0.00
	200<W≤1000 工程	3	2.10	115	1.05	2	1.46	0.92	43	9.74	71	2.18
		0	0.00	0	0.00	0	0.00	0.00	0	0.00	0	0.00
	20<W≤200 工程	2	0.21	30	0.21	1	0.13	0.13	84	5.74	74	2.22
		0	0.00	0	0.00	0	0.00	0.00	0	0.00	0	0.00
	20m³/d 以下集中供水工程	1	0.00	1	0.00	2	0.02	0.02	3	0.06	3	0.06
		0	0.00	0	0.00	0	0.00	0.00	0	0.00	0	0.00
	分散供水工程	0	0.00	0	0.00	0	0.00	0.00	0	0.00	0	0.00
		0	0.00	0	0.00	0	0.00	0.00	0	0.00	0	0.00

续表

行政区划	工程规模及水源类型	精准扶贫工程中改造工程汇总表										
		贫困村零散易地搬迁改造工程				非贫困村零散易地搬迁改造工程			非易地扶贫搬迁改造配套工程			
		工程数量	供水人口	涉及贫困村数	受益贫困人口	工程数量	供水人口	受益贫困人口	工程数量	供水人口	涉及贫困村数	受益贫困人口
	m³/d	处	万人	个	万人	处	万人	万人	处	万人	个	万人
海北州	W>1000工程	0	0.00	0	0.00	0	0.00	0.00	2	3.29	23	0.61
		0	0.00	0	0.00	0	0.00	0.00	0	0.00	0	0.00
	200<W≤1000工程	0	0.00	0	0.00	0	0.00	0.00	17	3.99	18	0.75
		0	0.00	0	0.00	0	0.00	0.00	1	0.09	0	0.01
	20<W≤200工程	3	0.11	35	0.11	2	0.08	0.08	1	0.02	0	0.01
		0	0.00	0	0.00	0	0.00	0.00	0	0.00	0	0.00
	20m³/d以下集中供水工程	0	0.00	0	0.00	1	0.01	0.01	0	0.00	0	0.00
		0	0.00	0	0.00	0	0.00	0.00	0	0.00	0	0.00
	分散供水工程	0	0.00	0	0.00	0	0.00	0.00	0	0.00	0	0.00
		0	0.00	0	0.00	0	0.00	0.00	0	0.00	0	0.00
黄南州	W>1000工程	0	0.00	0	0.00	0	0.00	0.00	0	0.00	0	0.00
		0	0.00	0	0.00	0	0.00	0.00	0	0.00	0	0.00
	200<W≤1000工程	0	0.00	0	0.00	1	0.34	0.01	2	0.62	2	0.10
		0	0.00	0	0.00	0	0.00	0.00	1	0.29	0	0.00
	20<W≤200工程	4	0.42	46	0.39	3	0.26	0.26	27	2.12	14	0.39
		0	0.00	0	0.00	0	0.00	0.00	14	0.88	3	0.11
	20m³/d以下集中供水工程	0	0.00	0	0.00	0	0.00	0.00	0	0.00	0	0.00
		0	0.00	0	0.00	0	0.00	0.00	0	0.00	0	0.00
	分散供水工程	0	0.00	0	0.00	0	0.00	0.00	0	0.00	0	0.00
		0	0.00	0	0.00	0	0.00	0.00	0	0.00	0	0.00
海南州	W>1000工程	0	0.00	0	0.00	0	0.00	0.00	0	0.00	0	0.00
		0	0.00	0	0.00	0	0.00	0.00	0	0.00	0	0.00
	200<W≤1000工程	2	1.12	57	1.04	0	0.00	0.00	28	9.68	33	0.48
		0	0.00	0	0.00	0	0.00	0.00	0	0.00	0	0.00
	20<W≤200工程	2	0.17	30	0.17	4	0.42	0.33	19	2.26	11	0.09
		0	0.00	0	0.00	0	0.00	0.00	51	3.32	9	0.25
	20m³/d以下集中供水工程	0	0.00	0	0.00	0	0.00	0.00	0	0.00	0	0.00
		0	0.00	0	0.00	0	0.00	0.00	0	0.00	0	0.00
	分散供水工程	0	0.00	0	0.00	0	0.00	0.00	0	0.00	0	0.00
		0	0.00	0	0.00	0	0.00	0.00	0	0.00	0	0.00

续表

行政区划	工程规模及水源类型	精准扶贫工程中改造工程汇总表										
		贫困村零散易地搬迁改造工程				非贫困村零散易地搬迁改造工程			非易地扶贫搬迁改造配套工程			
		工程数量	供水人口	涉及贫困村数	受益贫困人口	工程数量	供水人口	受益贫困人口	工程数量	供水人口	涉及贫困村数	受益贫困人口
	m³/d	处	万人	个	万人	处	万人	万人	处	万人	个	万人
果洛州	W>1000 工程	0	0.00	0	0.00	0	0.00	0.00	0	0.00	0	0.00
		0	0.00	0	0.00	0	0.00	0.00	0	0.00	0	0.00
	200<W≤1000 工程	3	0.60	28	0.60	3	0.75	0.75	4	0.26	0	0.00
		0	0.00	0	0.00	0	0.00	0.00	0	0.00	0	0.00
	20<W≤200 工程	2	0.34	20	0.34	1	0.15	0.15	5	0.22	0	0.00
		0	0.00	0	0.00	0	0.00	0.00	3	0.09	0	0.09
	20m³/d 以下集中供水工程	0	0.00	0	0.00	1	0.01	0.01	0	0.00	0	0.00
		0	0.00	0	0.00	0	0.00	0.00	0	0.00	0	0.00
	分散供水工程	0	0.00	0	0.00	0	0.00	0.00	0	0.00	0	0.00
		0	0.00	0	0.00	0	0.00	0.00	0	0.00	0	0.00
玉树州	W>1000 工程	0	0.00	0	0.00	0	0.00	0.00	0	0.00	0	0.00
		0	0.00	0	0.00	0	0.00	0.00	0	0.00	0	0.00
	200<W≤1000 工程	0	0.00	0	0.00	1	0.16	0.16	2	0.43	1	0.31
		0	0.00	0	0.00	0	0.00	0.00	0	0.00	0	0.00
	20<W≤200 工程	3	0.37	22	0.37	3	0.31	0.31	38	3.47	28	2.87
		0	0.00	0	0.00	0	0.00	0.00	0	0.00	0	0.00
	20m³/d 以下集中供水工程	2	0.03	6	0.03	1	0.01	0.01	0	0.00	0	0.00
		0	0.00	0	0.00	0	0.00	0.00	0	0.00	0	0.00
	分散供水工程	0	0.00	0	0.00	0	0.00	0.00	0	0.00	0	0.00
		0	0.00	0	0.00	0	0.00	0.00	0	0.00	0	0.00
海西州	W>1000 工程	0	0.00	0	0.00	0	0.00	0.00	2	2.33	19	0.09
		0	0.00	0	0.00	0	0.00	0.00	3	3.08	11	0.08
	200<W≤1000 工程	0	0.00	0	0.00	0	0.00	0.00	3	1.17	3	0.03
		0	0.00	0	0.00	0	0.00	0.00	2	1.00	2	0.04
	20<W≤200 工程	1	0.04	24	0.04	1	0.05	0.05	2	0.39	3	0.01
		0	0.00	0	0.00	0	0.00	0.00	0	0.00	0	0.00
	20m³/d 以下集中供水工程	3	0.02	16	0.02	4	0.02	0.02	0	0.00	0	0.00
		0	0.00	0	0.00	0	0.00	0.00	0	0.00	0	0.00
	分散供水工程	0	0.00	0	0.00	0	0.00	0.00	0	0.00	0	0.00
		0	0.00	0	0.00	0	0.00	0.00	0	0.00	0	0.00

（2）工程分布情况。针对 1303 个贫困村、32.49 万建档立卡贫困人口的 2366 处新建供水工程、517 处改造工程分布于全省 39 个贫困县（不含 3 个行委），详见表 4-4。

表 4-4　水利扶贫专项规划工程汇总

工程规模及水源类型		合计				贫困村整村易地搬迁工程（新建）				贫困村零散易地搬迁工程（改造）				贫困村非易地搬迁工程（新建）				贫困村非易地搬迁工程（改造）			
		工程数量	供水人口	涉及贫困村	受益贫困人口	工程数量	供水人口	涉及贫困村	受益贫困人口	工程数量	供水人口	涉及贫困村	受益贫困人口	工程数量	供水人口	涉及贫困村	受益贫困人口	工程数量	供水人口	涉及贫困村	受益贫困人口
		处	万人	个	万人	处	万人	个	万人	处	万人	个	万人	处	万人	个	万人	处	万人	个	万人
总计		1903	14.48	662	9.01	135	6.08	135	2.43	33	5.78	457	4.48	1734	2.07	68	2.06	1	0.55	2	0.03
W>1000 工程	地表水	0	0.00	0	0.00	0	0.00	0	0.00	0	0.00	0	0.00	0	0.00	0	0.00	0	0.00	0	0.00
	地下水	0	0.00	0	0.00	0	0.00	0	0.00	0	0.00	0	0.00	0	0.00	0	0.00	0	0.00	0	0.00
200<W≤1000 工程	地表水	11	4.84	213	2.80	1	0.26	1	0.01	9	4.03	210	2.76	0	0.00	0	0.00	1	0.55	2	0.03
	地下水	0	0.00	0	0.00	0	0.00	0	0.00	0	0.00	0	0.00	0	0.00	0	0.00	0	0.00	0	0.00
20<W≤200 工程	地表水	134	7.50	338	4.16	114	5.56	114	2.25	18	1.70	224	1.67	2	0.24	0	0.24				
	地下水	0	0.00	0	0.00	0	0.00	0	0.00	0	0.00	0	0.00	0	0.00	0	0.00	0	0.00	0	0.00
20m³/d 以下集中供水工程	地表水	26	0.31	43	0.22	20	0.26	20	0.17	6	0.05	23	0.05	0	0.00	0	0.00	0	0.00	0	0.00
	地下水	0	0.00	0	0.00	0	0.00	0	0.00	0	0.00	0	0.00	0	0.00	0	0.00	0	0.00	0	0.00
分散供水工程	地表水	14	0.01	4	0.01	0	0.00	0	0.00	0	0.00	0	0.00	14	0.01	4	0.01	0	0.00	0	0.00
	地下水	1718	1.81	64	1.81	0	0.00	0	0.00	0	0.00	0	0.00	1718	1.81	64	1.81	0	0.00	0	0.00

西宁市新建和改造集中供水工程 102 处，涉及贫困村 215 个，受益贫困人口 3.5 万人，总受益人口 31.84 万人，分布于大通县、湟中县和湟源区 3 个贫困县（区）。

其中，新建集中供水工程 41 处，均为整村易地搬迁新建工程，涉及贫困村 30 个，受益贫困人口 0.44 万人，总受益人口 2.26 万人；改造供水工程 61 处，涉及贫困村 185 个，受益贫困人口 3.06 万人，总受益人口 29.58 万人。

海东市新建和改造集中供水工程 244 处，涉及贫困村 503 个，受益贫困人口 12.56 万人，总受益人口 56.88 万人，分布于乐都区、平安区、循化县、民和县、互助县和化隆县 6 个贫困县（区）。

其中，新建集中供水工程 66 处，涉及贫困村 53 个，受益贫困人口 1.03 万人，总受益人口 2.76 万人；改造供水工程 178 处，涉及贫困村 450 个，受益贫困人口 11.53 万人，总受益人口 54.12 万人。

海北州新建和改造集中供水工程 35 处，新建分散供水工程 285 处，涉及贫困村 86 个，受益贫困人口 2.06 万人，总受益人口 8.46 万人，分布于门源县、刚察县、祁连县和海晏县 4 个贫困县。

其中，新建集中供水工程 8 处，涉及贫困村 4 个，受益贫困人口 0.17 万人，总受益人口 0.55 万人；改造供水工程 27 处，涉及贫困村 76 个，受益贫困人口 1.56 万人，总受益人口 7.58 万人。

新建分散供水工程 285 处，涉及贫困村 6 个，受益贫困人口 0.33 万人。

黄南州新建和改造集中供水工程 116 处，新建分散供水工程 50 处，涉及贫困村 89 个，受益贫困人口 2.99 万人，总受益人口 7.87 万人，分布于尖扎县、同仁县、河南县和泽库县 4 个贫困县。

其中，新建集中供水工程 64 处，涉及贫困村 19 个，受益贫困人口 1.57 万人，总受益人口 2.78 万人；改造供水工程 52 处，涉及贫困村 65 个，受益贫困人口 1.27 万人，总受益人口 4.94 万人。

新建分散供水工程 50 处，涉及贫困村 5 个，受益贫困人口 0.15 万人。

海南州新建和改造集中供水工程 129 处，新建分散供水工程 108 处，涉及贫困村 162 个，受益贫困人口 2.87 万人，总受益人口 18.26 万人，分布于共和县、同德县、兴海县、贵德县和贵南县 5 个贫困县。

其中，新建集中供水工程 23 处，涉及贫困村 17 个，受益贫困人口 0.41 万人，总受益人口 1.18 万人；改造供水工程 106 处，涉及贫困村 140 个，受益贫困人口 2.36 万人，总受益人口 16.97 万人。

新建分散供水工程 108 处，涉及贫困村 5 个，受益贫困人口 0.10 万人。

果洛州新建和改造集中供水工程 38 处，新建分散供水工程 474 处，涉及贫困村 71 个，受益贫困人口 2.67 万人，总受益人口 3.34 万人，分布于久治县、甘德县、达日县、玛多县、班玛县和玛沁县 6 个贫困县。

其中，新建集中供水工程 16 处，涉及贫困村 7 个，受益贫困人口 0.23 万人，总受益人口 0.40 万人；改造供水工程 22 处，涉及贫困村 48 个，受益贫困人口 1.95 万人，总受益人口 2.43 万人。

新建分散供水工程 404 处，涉及贫困村 16 个，受益贫困人口 0.49 万人。

玉树州新建和改造集中供水工程 57 处，新建分散供水工程 1209 处，涉及贫困村 82 个，受益贫困人口 5.36 万人，总受益人口 7.21 万人，分布于玉树市、杂多县、称多县、治多县、曲麻莱县和囊谦县 6 个贫困县（市）。

其中，新建集中供水工程 7 处，涉及贫困村 3 个，受益贫困人口 0.42 万人，总受益人口 0.66 万人；改造供水工程 50 处，涉及贫困村 57 个，受益贫困人口 4.06 万人，总受益人口 4.78 万人。

新建分散供水工程 1209 处，涉及贫困村 22 个，受益贫困人口 0.88 万人。

海西州新建和改造集中供水工程 28 处，新建分散供水工程 78 处，涉及贫困村 95 个，受益贫困人口 0.48 万人，总受益人口 8.47 万人，分布于德令哈市、格尔木市、乌兰县、都兰县和天峻县等 6 个贫困县（市）。

其中，新建集中供水工程 7 处，涉及贫困村 3 个，受益贫困人口 0.03 万人，总受益人口 0.29 万人；改造供水工程 21 处，涉及贫困村 78 个，受益贫困人口 0.36 万人，总受益人口 8.09 万人。

新建分散供水工程 78 处，涉及贫困村 14 个，受益贫困人口 0.08 万人。

4.1.4.2 贫困地区其他巩固提升工程

针对全省 42 个贫困县非贫困村及贫困人口的农牧区供水巩固提升需求，通过改造配套和新建等措施，全面提升"四率"。

新建供水工程 6714 处，其中集中供水工程 52 处，分散供水工程 6662 处，总受益人口 10.99 万人；改造集中供水工程 607 处，受益人口 59.07 万人，总受益人口 70.06 万人。

（1）新建工程。新建集中供水工程 52 处，新增供水能力 0.72 万 m^3/d，受益人口 3.73 万人，主要为游牧民定居工程实施配套新建工程和原有工程老化失修重建工程。其中，1 处为千吨万人以上工程，2 处 $200m^3/d$ 以上供水工程配套了水质净化设施，共配套消毒设备 45 台。

新建分散式供水工程 6662 处，包括新打小口机井（土井）5945 眼，新建水柜和水窖 717 口，提升偏僻分散牧区 7.26 万牧民的吃水方便程度。

（2）改造配套工程。通过改造水质净化工艺、配套消毒设备及水源、管网更新改造及联网并网等措施，改造工程 607 处，改造供水规模 8.17 万 m^3/d，解决 59.07 万农牧民"吃水不干净""吃水不稳定"等问题，全面提升水质达标率、供水保证率。其中，水质净化设施改造工程 19 处，受益人口 10.1 万人，均为地表水水源、$200m^3/d$ 规模以上工程，其中千吨万人以上工程 5 处。

459 处工程配套消毒设备 468 台，工程受益人口 58.02 万人，其中千吨万人以上工程每处配套 2 台消毒设备（其中，9.05 万人与水质净化设施改造工程受益人口重复）。

水源更新改造工程 459 处，更新配套管网长度 4492 km。

贫困地区其他巩固提升工程建设内容还包括水源保护区（范围）划定、规模水厂的水质化验室、自动化监控系统和县级农村饮水安全信息系统建设等内容，统一放入能力建设里叙述。

贫困地区其他巩固提升工程建设情况详见表 4-5。

表 4-5　贫困地区其他巩固提升工程

市（州）	工程规模及水源类型	新建供水工程					改造配套供水工程										
		工程数量	供水人口	新增供水能力	水质净化设施配套工程数量	配套消毒设备	工程数量	供水人口	改造供水规模	水源更新改造 工程数量	水源更新改造 受益人口	水质净化设施改造工程数量	水质净化设施改造 受益人口	配套消毒设备 工程数量	配套消毒设备 台数	配套消毒设备 受益人口	更新配套管网长度
	m^3/d	处	万人	m^3/d	处	台	处	万人	m^3/d	处	万人	处	万人	个	台	万人	km
	合计	6714	10.99	7196	2	45	607	59.07	81689	459	58.02	19	10.10	459	468	58.02	4492
	其中 集中供水工程	52	3.73	7196	2	45	607	59.07	81689	459	58.02	19	10.10	459	468	58.02	4492
	分散供水工程	6662	7.26	0	0	0	0	0.00	0	0	0.00	0	0.00	0	0	0.00	0
全省合计	W>1000工程 地表水	1	0.84	2900	1	2	9	18.47	27207	9	18.47	5	5.47	9	18	18.47	167
	地下水	0	0.00	0	0	0	0	0.00	0	0	0.00	0	0.00	0	0	0.00	0
	200<W≤1000工程 地表水	1	0.50	516	0	1	140	15.65	23538	62	15.65	14	4.63	62	62	15.65	1326
	地下水	3	0.22	1310	1	3	6	1.45	1814	6	1.45	0	0.00	6	6	1.45	27
	20<W≤200工程 地表水	34	1.93	2153	0	34	313	18.14	23642	313	18.14	0	0.00	313	313	18.14	2398
	地下水	5	0.21	250	0	5	69	4.32	4396	69	4.32	0	0.00	69	69	4.32	574
	20m³/d以下集中供水工程 地表水	0	0	0	0	0	57	0.82	818	/	/	/	/	0	0	0.00	/
	地下水	8	0.03	67	0	0	13	0.24	275	/	/	/	/	0	0	0.00	/
	分散供水工程 地表水	717	0.57	/	0	0	0	0.00	0	/	/	/	/	0	0	0.00	/
	地下水	5945	6.69	/	0	0	0	0.00	0	/	/	/	/	0	0	0.00	/
西宁市	集中供水工程	0	0	0	0	0	18	12.84	16607	12	12.84	1	0.67	12	14	12.84	236
	分散供水工程	0	0.00	0	0	0	0	0.00	0	0	0.00	0	0.00	0	0	0.00	0
海东市	集中供水工程	0	0	0	0	0	41	7.13	11277	28	7.11	8	4.84	28	32	7.11	349
	分散供水工程	0	0.00	0	0	0	0	0.00	0	0	0.00	0	0.00	0	0	0.00	0
海北州	集中供水工程	0	0	0	0	0	67	6.08	12015	35	5.75	7	3.73	35	37	5.75	888
	分散供水工程	584	0.74														
黄南州	集中供水工程	7	0.62	625	0	7	160	8.83	9299	115	8.23	0	0.00	115	115	8.23	514
	分散供水工程	681	0.41														
海南州	集中供水工程	9	0.54	1659	1	5	105	11.11	12750	88	11.02	2	0.66	88	89	11.02	715
	分散供水工程	445	0.89														
果洛州	集中供水工程	19	1.42	3716	1	20	106	4.36	10178	94	4.36	0	0.00	94	94	4.36	794
	分散供水工程	2412	2.71														
玉树州	集中供水工程	13	1.14	1190	0	13	86	6.99	7305	73	6.98	0	0.00	73	73	6.98	785
	分散供水工程	858	0.90														
海西州	集中供水工程	4	0.01	6	0	0	24	1.73	2258	14	1.73	1	0.20	14	14	1.73	211
	分散供水工程	1682	1.63														

4.1.4.3　西宁市四辖区城乡供水一体化工程

通过 2 处城镇管网延伸工程，覆盖西宁市城北区和城中区 14 个村，受益人口共 1.78 万人，实现城乡同网、同质、同价供水，详见表 4-6。

表 4-6　西宁市城北区和城中区城乡一体化供水工程

行政区划	工程名称	工程类型	覆盖行政村数/个	受益人口/人	新建改造管网长度/km
城北区	城北区五村管网延伸工程	西宁市自来水管网延伸	5	8677	150
城中区	城中区总寨镇九村管网延伸工程	西宁市自来水管网延伸	9	9071	97

西宁市郊改造 3 处集中供水工程，包括水源改造和输水管网更新改造等建设内容，受益人口 0.59 万人。

4.1.5 能力建设

强化农村饮用水水源保护，全面开展水源保护区或保护范围划定工作，全省规划划定水源保护区（或保护范围）1128 处，并进行防护设施建设及标志设置，其中在 2016 年年底完成 77 处千吨万人规模以上工程水源保护区的划定。

规划后全省千吨万人以上工程增加为 77 处，全部配置水质化验室，"十三五"期间共建设标准化水质化验室 77 处，其中西宁市 16 处、海东市 48 处、海北州 6 处、果洛州 1 处、海西州 5 处、海南州 1 处。

对所有千吨万人以上供水工程建立自动化监控系统，规划建设水厂级自动化监控系统77 处，集中在管理条件较好的东部地区和柴达木地区，包括西宁市 16 处、海东市 48 处、海北州 6 处、果洛州 1 处、海西州 5 处、海南州 1 处。

建设 40 处县级农村饮水安全信息系统（不包括 3 个行委，西宁市四区合建 1 处）；建设省级农村饮水安全信息系统 1 处，全面提升农村供水监管水平。

加强计量设施配套建设，对 52 万户集中式供水人口安装计量水表。

4.1.6 建设规模

"十三五"期间，全省规划新建集中供水工程 284 处，新增供水能力 1.86 万 m^3/d，其中千吨万人以上工程 1 处；城镇管网延伸工程 2 处，改造配套供水工程 1127 处，改造供水规模 28.37 万 m^3/d，其中千吨万人以上工程 61 处；新建分散式供水工程 8796 处。总受益人口 214.74 万人，其中建档立卡贫困人口 32.49 万人。主要工程量见表 4-7。

（1）建档立卡贫困人口巩固提升工程。新建集中供水工程 232 处，新增供水能力 1.14 万 m^3/d，受益人口 10.88 万人，其中贫困人口 4.30 万人；新建分散式供水工程 2134 处，受益人口 2.95 万人，其中贫困人口 2.04 万人；改造配套工程 517 处，改造供水规模 20.13 万 m^3/d，受益人口 128.48 万人，其中贫困人口 26.15 万人。

其中，水质净化设施配套改造工程 47 处，消毒设备配套 740 台，更新改造管网 9335km；建设规模以上水厂标准化水质化验室 50 处，规模以上水厂自动化监控系统 51 处。

（2）贫困地区其他巩固提升工程。新建集中供水工程 52 处，新增供水能力 0.72 万 m^3/d，受益人口 3.73 万人，其中千吨万人以上工程 1 处；新建分散式供水工程 6662 处，受益人口 7.27 万人。

改造供水工程 607 处，改造供水规模 8.11 万 m^3/d，受益人口 59.07 万人。

其中，水质净化设施配套改造 23 处，消毒设备配套 340 台，更新改造管网 5242km；建设规模以上水厂标准化水质化验室 7 处，规模以上水厂自动化监控系统 4 处，总受益人口 70.06 万人。

表 4-7　规划主要工程量

工程规模及水源类型	新建供水工程 工程数量（处）	新建供水工程 新增供水能力（m³/d）	新建供水工程 受益人口（万人）	现有水厂管网延伸工程 工程数量（处）	现有水厂管网延伸工程 受益人口（万人）	城镇自来水管网覆盖 覆盖行政村数（个）	城镇自来水管网覆盖 受益人口（万人）	改造配套供水工程 工程数量（处）	改造配套供水工程 改造配套供水规模（m³/d）	改造配套供水工程 受益人口（万人）	水质净化设施改造工程数量（处）	配套消毒设备（台）	更新配套管网长度（km）	划定水源保护区或保护范围（处）	规模化水厂水质化验室建设（处）	规模化水厂自动化监控系统建设（处）	县级农村饮水安全信息系统建设（处）	农村饮水安全管能力建设（处）
全省合计 合计	9080	18639	24.82	0	0.00	14	1.77	1127	283713	188.15	70	1085	14837	1128	77	77	77	40
其中 集中供水工程	284	18639	14.60	0	0	14	2	1127	283713	188.15	70	1085	14837	1128	77	77	77	
其中 分散供水工程	8796		10.22	0	0	0	0		0	0	0	0	0	0	0	0	0	
W>1000 地表水	1	2900	0.84	0	0.00	9	0.91	58	137407	79.85	32	110	3206	74	74	74	74	
W>1000 地下水	0	0	0.00	0	0.00	0	0.00	3	11391	3.08	0	6	189	3	3	3	3	
200<W≤1000 地表水	3	950	0.91	0	0.00	5	0.87	272	75371	53.71	36	181	4616	200				
200<W≤1000 地下水	4	1632	0.44	0		0	0.00	10	3495	2.82	2	14	215	14				
20<W≤200 地表水	221	12129	11.40	0		0	0.00	558	45800	38.86	0	631	5551	694				
20<W≤200 地下水	6	395	0.33	0		0	0.00	137	8976	8.60	0	143	1061	143				
20m³/d以下 地表水	41	566	0.66	0		0	0.00	76	998	1.00	0	0	/	/				
20m³/d以下 地下水	8	67	0.03	0		0	0.00	13	275	0.24	0	0	/	/				
分散式供水工程 地表水	731	/	0.59	/					0	0.00	0	0	/					
分散式供水工程 地下水	8065		9.63	/					0	0.00	0	0	/					
建档立卡贫困人口巩固提升工程 合计	2366	11443	13.83	0	0.00	0	0.00	517	201344	128.48	47	740	9335	689	50	51	51	0
其中 集中供水工程	232	11443	10.88	0	0	0	0	517	201344	128.48	47	740	9335	689	50	51	51	
其中 分散供水工程	2134		2.95	0	0	0	0		0	0								
W>1000 地表水	0	0	0.00	0	0.00	0	0.00	48	108962	60.78	24	96	2901	48	47	48	48	
W>1000 地下水	0	0	0.00	0	0.00	0	0.00	3	11391	3.08	0	6	189	3	3	3	3	
200<W≤1000 地表水	2	434	0.42	0	0.00	0	0.00	130	51832	38.06	22	132	2986	132				

续表

工程规模及水源类型 (m³/d)	水源	新建供水工程 工程数量(处)	新建供水工程 新增供水能力(m³/d)	新建供水工程 受益人口(万人)	现有水厂管网延伸工程 工程数量(处)	现有水厂管网延伸工程 受益人口(万人)	城镇自来水管网覆盖 覆盖行政村数(个)	城镇自来水管网覆盖 受益人口(万人)	改造配套供水工程 工程数量(处)	改造配套供水工程 改造供水规模(m³/d)	改造配套供水工程 受益人口(万人)	水质净化设施改造工程数量(处)	配套消毒设备(台)	更新配套管网长度(km)	划定水源保护区或保护范围(处)	规模化厂水质化验室建设(处)	规模化厂自动化监控系统建设(处)	农村饮水安全信息系统建设(处)
建档立卡贫困人口巩固提升工程 20<W≤200	地下水	1	322	0.21	0	0.00	0	0.00	4	1682	1.37	1	5	153	5	/	/	/
	地表水	187	9976	9.47	/	/	0	0.00	245	22677	20.72	0	432	2692	432	/	/	/
20m³/d 以下	地下水	1	145	0.12	/	/	0	0.00	68	4620	4.29	0	69	414	69	/	/	/
	地表水	41	566	0.66	/	/	0	0.00	19	180	0.18	0	0	0	0	/	/	/
分散式供水工程	地下水	0	0	0.00	/	/	0	0.00	0	0	0.00					/	/	/
	地表水	14	/	0.01	/	/	0	0.00	0	0	0.00					/	/	/
合计		2120	/	2.94	0	0.00	0	0.00								/	/	40
其中 集中供水工程		6714	7196	10.99	0		0		607	81130	59.07	23	340	5242	436	25	24	/
分散供水工程		52	7196	3.73	0		0		607	81130	59.07	23	340	5242	436	25	24	/
		6662	0	7.27	0		0		0	0	0.00	0	0	0	0	0	0	/
贫困地区巩固提升工程 W>1000	地表水	1	2900	0.84	0	0	0	0	9	27206	18.47	8	10	195	24	25	24	/
	地下水	0	0	0.00	0	0	0	0	0	0	0.00	0	0	0	0	0	0	/
200<W≤1000	地表水	1	516	0.50	0	0	0	0	140	23539	15.65	14	48	1480	67	/	/	/
	地下水	3	1310	0.22	0	0	0	0	6	1813	1.45	0	9	62	9	/	/	/
20<W≤200	地表水	34	2153	1.93	0	0	0	0	313	23123	18.14	0	199	2859	262	/	/	/
	地下水	5	250	0.21	0	0	0	0	69	4356	4.32	0	74	647	74	/	/	/
20m³/d 以下	地表水	0	0	0.00	/		0	0	57	818	0.82	0	0	0	0	/	/	/
	地下水	8	67	0.03	/		0	0	13	275	0.24	0	0	0	0	/	/	/
分散式供水工程	地表水	717	/	0.57	/		0	0	/	/	/					/	/	/
	地下水	5945	0	6.69	/		0	0	/	0	/					/	/	/
西宁 W>1000		0	0	0.00	0	0.00	9	0.91	1	1239	0.59	0	4	110	2	2	2	2
市郊 200<W≤1000		0	0		0	0.00	5	0.87	2			0	1	150	1	1	2	

建设 40 处县级农村饮水安全信息系统。

（3）西宁市四辖区城乡供水一体化工程。城镇自来水管网延伸工程 2 处，覆盖行政村 14 个，受益人口 1.78 万人；改造供水工程 3 处，受益人口 0.59 万人；新建改造管网长度 260km。

4.2　解决藏族聚居区特殊原因造成饮水不安全人口建设方案

4.2.1　规划范围

涉及青海省藏族聚居区六州（分别为海西蒙古族藏族自治州、海南藏族自治州、海北藏族自治州、果洛藏族自治州、玉树藏族自治州和黄南藏族自治州）的项目因建设难度大未能实现人饮工程全覆盖、水源发生变化导致已建饮水工程效益衰减、藏族聚居区寺院增加和规模扩大、易地搬迁及生态移民等特殊原因造成饮水不安全人口分布的地区。

4.2.2　建设标准

（1）水质标准：水源水质经国家计量认证的县级以上疾病预防控制中心负责化验认定，供水水质达到《生活饮用水卫生标准》（GB 5749—2006）的要求。

（2）供水量：供水量按照《村镇供水工程技术规范》（SL 310—2004）确定，应满足不同地区、不同用水条件的要求，水源水量充足地区 60～70L/（人·d），水源水量缺乏地区 40～50L/（人·d）。

（3）用水方便程度：集中供水工程尽可能供水到户；无条件做到供水到户时，可分步实施，考虑暂时先建到公共给水点，其建设标准是各户来往集中供水点的取水往返时间不超过 20min。

（4）水源保证率：供水水源保证率不低于 95%为安全；不低于 90%为基本安全。水源选择力求做到水源可靠，水质良好，水处理难度低，又便于施工和管理。此次建设日供水规模 20m³/d 或受益人口 200 人以上的集中式供水工程，水源保证率一般不低于 95%，其他小型供水工程或严重缺水地区不低于 90%。

（5）供水工程各种构筑物和输配水管网建设应符合水利行业相关技术标准要求。

4.2.3　技术路线

对青海省藏族聚居区因特殊原因造成饮水不安全情况进行调查，详细统计藏族聚居区因各类原因造成的饮水不安全人口分布、数量，并进行详细的摸底和分类汇总。在此基础上按照建设社会主义新农村、新牧区的总体要求，结合各地区社会经济、自然条件、饮水不安全人口分布特征并结合相关供水要求提出解决最优方案，合理确定供水工程的制水规模和供水规模、用水量组成与用水定额标准及水质消毒方法，无法找到优质水源的可选用经济可行的水处理方式。此次项目重点在解决藏族聚居区特殊原因造成不安全人口的饮水问题，适当照顾村镇发展的企业用水和适度规模的牲畜饮水。

4.2.4 建设内容

4.2.4.1 集中式供水工程

（1）水源工程选择与保护。

1）水源选择。项目实施范围内各拟建工程优先选择优质水源，难以找到优质水源时再进行特殊水处理。水源选择要符合国家和地方关于水资源开发利用的规定，通过勘查与论证，对水源水质、水量、工程投资、运行成本、施工、管理和卫生防护条件等方面进行技术经济方案比较，选择供水系统技术经济合理、运行管理方便、供水安全可靠的水源。优先选择能自流引水的水源；需要提水时，选择扬程和运行成本较低的水源；充分利用当地现有的蓄水、引水等水利工程。

水源保证率一般不低于95%，枯水年份枯水期严重缺水地区的保证率不低于90%，所选择的水源可供水量既要满足目前用水需求，还要考虑未来发展需求和适当数量的牲畜饮水。

各工程在前期勘查设计阶段均对水源进行论证，不符合要求的不予审批。

2）水源地保护。划定水源保护区或保护范围：规模以上供水工程根据不同水源类型，按照国家有关规定，综合当地的地理位置、水文、气象、地质、水动力特征、水污染类型、污染源分布、水源地规模以及水量需求等因素，合理划定水源保护区，并利用永久性的明显标志标示保护区界线，设置保护标志。

加强水源防护：以地表水为水源时，建设防洪、防冰凌等措施；以地下水为水源时，封闭不良含水层；水井设有井台、井栏和井盖，并进行封闭，防止污染物进入；大口井井口需要保证地面排水畅通；以泉水为水源时设立隔离防护设施和简易导流沟，避免污染物直接进入泉水，引泉池应设顶盖封闭，池壁应密封不透水。全省藏族聚居区地广人稀且工业污染相对较少，水源地防护过程中还应重点预防因放牧等造成的牲畜粪便污染水源。

加强宣传教育：采取多种形式传播水源保护和饮水安全相关知识，提高农牧民保护水源意识，逐步完善公众参与和监督机制，积极引导和鼓励公众参与水源保护工作。

（2）供水工程建设。供水工程建设内容包括供水工程的"取、输、配、测"等过程中主要设施、设备和装置，具体包括取水构筑物、净水构筑物、输配水设施及管网、贮水等调节构筑物、必备的消毒设施设备等。

1）取水构筑物，从选定的水源（包括地表水和地下水）取水，包括截水廊道、泉室、引水口等。

2）净水构筑物，对引提取来的水进行净化处理，使其达到国家饮用水水质卫生标准。

3）泵站，包括提取原水的取水泵站和输送清水的配水泵房，在部分地区也包括设于管网中的加压泵站等。

4）消毒设施设备，全省藏族聚居区已建人饮工程以氯消毒为主，饮用水消毒的目的是杀灭水中对人体健康有害的绝大多数致病微生物，包括病菌、病毒、原生动物的孢子囊等，以防止通过饮用水传播疾病。

5）输水和配水管网。前者将原水输送至人饮工程，后者将清水（处理后水）配送到各用户的管道系统。

6）调节构筑物，包括供水系统中各种类型的贮水构筑物，如高位水池、水塔或清水池等，用以贮存和调节水量。

4.2.4.2 分散式供水工程

对于采用集中式供水工程不可行的部分地区，因地制宜地选择建设保温式土井和集雨水窖，工程周边进行封闭、防止生活垃圾、牲畜粪便等污染水源，同时对水质进行简单的氯消毒处理。

4.2.5 建设规模与布局

青海省解决藏族聚居区特殊原因造成饮水不安全人口建设方案规划工程 298 项，计划解决人口 33.9 万人（包含 53 项寺院饮水安全工程共 200 座寺院或活动点、11778 名僧侣及周边群众），其中集中式供水工程 250 项，受益人口 26.72 万人，分散式供水工程 48 项，受益人口 7.18 万人，规划工程数量及分区布局见表 4-8。

表 4-8　建设主要工程量分区统计表

地区名称	规划受益人口		工程数量/项	按工程类型划分			
	总人口/人	其中寺院受益人口/人		集中供水工程		分散供水工程	
				项数/项	受益人口/人	项数/项	受益人口/人
合计	339049	11778	298	250	267206	48	71843
海西州	44945	260	27	26	43962	1	983
海南州	84168	497	87	81	79835	6	4333
海北州	67588	405	53	49	60970	4	6618
果洛州	40326	1398	40	18	10033	22	30293
玉树州	47834	8127	29	19	22018	10	25816
黄南州	54188	1091	62	57	50388	5	3800

4.3 寺院饮水安全工程专项规划

4.3.1 规划分区

为了分区、分类进行指导，综合考虑青海省寺院空间分布情况、行政区划、地理位置、地形地貌、水资源条件、饮水不安全类型等因素，将全省分为 3 个规划分区，即青南地区、东部农业区和西部及北部农牧区。

（1）青南地区。青南地区包括玉树州、果洛州、黄南州、海南州，该区寺院及宗教活动点达到 250 处，占寺院总数的 60.83%，主要以藏传佛教为主，有宗教教职人员 22832 人。

本区地形地貌复杂，以山地为主，地势起伏大、山大沟深。普遍降水量丰富，水系发达，水量丰富，水质优良。但由于区内地质条件和地形地貌差别较大，造成供水条件差别较大，该区冬季气温较低，大部分地区最大冻土深度可达 2.5～3.0m，给供水管道施工和埋设带来困难。

青南地区受地形地貌的影响，工程建设难度大，由于资金短缺，无力建设饮水工程，工程性缺水问题突出，造成寺院饮水困难，个别地区受气候变化影响，水源水量随季节而变化，存在季节性缺水和季节性饮水困难。

本区寺院饮水工程建设，以蓄引提方式取用地表水，山丘区以山溪（泉）水或浅层地下水为水源。居住分散的寺院，兴建单寺雨水集蓄工程或浅井供水工程。饮水安全工程建设应充分利用地形和自然落差，以兴建小型集中自流供水工程为主；位于村镇周边的寺院，实施村镇供水管网延伸，接入村镇集中供水工程。

（2）东部农业区。东部农业区包括西宁市和海东市，分布有各类寺院及宗教活动点 90 处，占寺院总数的 21.90%，各类宗教教职人员 1491 人。

东部农业区地形为山地丘陵地形，除伊斯兰教位于村镇周边外，其余寺院所处位置高，工程建设难度大，由于资金短缺，无力建设饮水工程，工程性缺水问题严重，造成饮水困难。

该地区伊斯兰教、道教和佛教寺院均有分布。伊斯兰教寺院距离村镇较近，由于所在地的村镇供水管网基本建成，对其仅进行村镇管网的扩网延伸即可解决寺院饮水安全，并将其纳入城乡供水一体化工程，但也存在像大通老爷山等寺院，居于山顶，需采用加压供水方式解决寺院饮水问题，建设难度大、工程投资大的个别工程需特殊考虑。

（3）西部及北部农牧区。西部及北部农牧区包括海北州和海西州，分布有各类寺院及宗教活动点 71 处，占寺院总数的 17.27%，各类宗教教职人员 775 人。

西部及北部农牧区处于内陆高原区，虽然地势相对平坦，但因工程引水管道距离长，建设投资大，资金短缺，无力建设饮水工程，工程性缺水问题严重，造成饮水困难。

该区主要的特点是以佛教寺院居多，寺院分散，离农村饮水工程距离远，对其需进行集中供水工程设计，包括水源工程和输配水工程，缺少地表水的地方以打井开发地下水源为主；有泉水出露的地方可利用地形条件兴建自流供水工程，满足寺院用水需求。但该区也有较多伊斯兰教寺院，尤其在门源县伊斯兰教寺院较多，距离村镇供水管网较近，对其进行管网延伸供水设计。各分区寺院及僧侣人数详见表4-9。

表4-9　青海省寺院专项规划分区表

分区	地区	寺院数	僧侣人数
青南地区	玉树州	125	16215
	黄南州	55	1910
	海南州	34	1070
	果洛州	36	3637
	小计	250	22832
东部农业区	西宁市	14	99
	海东市	76	1392
	小计	90	1491
西部农牧区	海西州	18	370
	海北州	53	405
	小计	71	775
合计		411	25098

4.3.2　工程建设标准和技术路线

（1）工程建设标准。

1）供水水质：符合《生活饮用水卫生标准》（GB 5749－2006）或《农村实施〈生活饮用水卫生标准〉准则》的要求。符合《生活饮用水卫生标准》（GB 5749－2006）要求的为安全，符合《农村实施〈生活饮用水卫生标准〉准则》要求的为饮水基本安全。

2）供水水量：根据水利部、卫生部联合下发的《关于印发农村饮用水安全卫生评价指标体系的通知》（水农〔2004〕547号）、水源的实际情况以及《青海省用水定额》中的农村生活用水定额选择合适的水量标准，综合考虑确定农牧区供水标准为60L/（人·d），城镇周边寺院供水标准为80L/（人·d）。

3）供水方便程度：供水到户或人力取水往返时间不超过10min为安全；人力取水往返时间不超过20min为基本安全。

4）供水水源：供水水源保证率不低于95%为安全，不低于90%为基本安全。

5）供水水压：集中供水工程的供水水压应满足《村镇供水工程技术规范》（SL 310－2004）的规定。

（2）技术路线。根据寺院所处的自然地理条件，并按照《村镇供水工程技术规范》（SL 310－2004），根据区域的水资源条件、用水需求、地形条件、寺院分布等进行技术经济比较，充分听取用户意见，因地制宜选择供水方式和供水技术，在保证工程安全和供水水质的前提下，力求经济合理、运行管理简便，选择工艺简单、工程投资和运行成本低、施工和运行管理难度小的供水工程。

1）集中式供水。集中式供水工程具有供水保证率高、水质易保证、用户使用方便、便于管理与维护等特点，较大规模的寺院优先选择该供水模式。当有地形条件可利用时优先选择重力自流供水，节省运行成本。在水源水量充沛、地形条件适宜的地区，综合考虑管理、制水成本等因素，合理确定供水范围，兴建适度规模的集中供水工程。水源水量较少，寺院规模较小时，可建单寺集中供水工程。

2）村镇管网延伸供水。管网供水具有供水保证率和水质合格率高的优点。距县城、乡镇等现有供水管网较近的寺院，利用已有管网供水能力，延伸供水管网，解决寺院供水问题。

3）分散式供水。在水源匮乏、寺院分散、地形复杂等情况下，建造分散式供水工程。分散式供水工程形式多样，应根据当地具体条件选择：淡水资源缺乏或开发利用困难，但多年平均降雨量大于250mm时，可建造雨水集蓄供水工程；水资源缺乏，但有季节性客水或泉水时，可建造引蓄供水工程；有良好浅层地下水或泉水，但人数少、用户分散时，建造土井供水工程。

4.3.3　总体布局

对解决青海省寺院饮水安全的工程和技术措施做出整体、长远的安排，最主要的原则是工程总体布局应尽可能从根本上解决寺院饮水安全问题，包括水量、水质、用水方便程度、水源的可靠性，以及有利于工程良性运行等。

根据规划寺院的水源及其寺院分布，按照因地制宜原则，寺院饮水工程的类型分为集中式供水和分散式供水。从供水水源保护和供水管理，保证建后正常运行和管理以及区域等条件综合考虑，集中式供水工程主要分为两类：自流供水和管网延伸等供水形式。分散式供水主要是采用土井供水。具体按以下几类工程进行规划：

（1）自流供水：寺院规模较大，而且处于河道、沟谷下游，地表水引水可行、可靠，宜采用截水廊道等建筑物截水，管道引水供水，解决寺院饮水问题。

（2）管网扩建供水：寺院位于村镇周边，所在村镇饮水管网基本建成的地方，宜采用村镇管网延伸，解决寺院饮水问题。

（3）土井供水：寺院较为分散，而且距离地表水水源远，引水成本较大，但地下水水位较浅、水量比较丰富，宜采用土井供水，解决寺院饮水问题。

（4）泵站加压供水：个别寺院位于山顶，山高沟深，无法实现自流供水，采用泵站加压供水，解决寺院饮水问题。

（5）机井供水：寺院所在地地表水季节变化大，供水保证率低，但地下水丰富，宜采用机井提水，管道供水，提高供水保证率，解决寺院饮水问题。

4.3.4　建设内容

（1）水源工程。

1）水源选择。项目区各工程水源选择按照经济合理、安全、可靠的要求进行。水源选择要符合国家和地方关于水资源开发利用的规定，通过勘查与论证，对水源水质、水量、工程投资、运行成本、施工、管理和卫生防护条件等方面进行技术经济方案比较，选择供水系统技术经济合理、运行管理方便、供水安全可靠的水源。优先选择能自流引水的水源；需要提水时，选择扬程和运行成本较低的水源；充分利用当地现有的蓄水、引水等水利工程，水源保证率一般不低于 95%，枯水年份枯水期严重缺水地区的保证率不低于 90%。

2）水源保护。按照《中华人民共和国水法》《中华人民共和国水污染防治法》和《饮用水水源保护区污染防治管理规定》等相关法规的要求，采取有效措施，加强水源保护。水源保护区（保护范围）划分、警示标志建设、环境综合整治等工作，应与供水工程设计及建设同步开展。主要措施包括：根据不同水源类型，按照国家有关规定，综合当地的地理位置、水文、气象、地质、水动力特征、水污染类型、污染源分布、水源地规模以及水量需求等因素，合理划定水源保护区，并利用永久性的明显标志标示保护区界线，设置保护标志。

（2）供水工程建设。饮水安全工程建设内容包括供水工程的"取、输、配、测"等主要设施、设备和装置，具体包括取水构筑物、净水构筑物、输配水设施及管网、贮水等调节构筑物、必备的消毒设施设备等。

1）取水构筑物，从选定的水源（包括地表水和地下水）取水。地表水取水构筑物一般有固定式、移动式、山区浅水河流式和湖泊水库取水构筑物等；地下水取水构筑物包括管井、大口井、渗渠、辐射井及引泉设施等。

2）净水构筑物，对引提取来的水进行净化处理，使其达到国家饮用水水质卫生标准。

3）泵站，包括提取原水的取水泵站和输送清水的配水泵房，在部分地区也包括设于管网中的加压泵站等。

4）输水和配水管网，前者将原水输送并配送到各用户的管道系统。

5）调节构筑物，包括供水系统中各种类型的贮水构筑物，如高位水池、水塔或清水池等，用以贮存和调节水量。

4.3.5 建设规模

青海省寺院饮水安全工程专项规划共建工程 411 项，涉及各类宗教教职人员 25098 人。饮水工程中小型集中供水工程 394 处，分散式供水工程 17 处，规划年新增供水规模 60.86 万 m^3，规划引水口 239 处，土井 180 眼，机电井 17 眼，泵站 4 座，管道 1956.52km，见表 4-10。

表 4-10 寺院饮水安全工程规划表

分区	寺院数/个	僧侣人数/人	引水口/处	土井/眼	机电井/眼	泵站/座	管道/km
西宁市	14	99	5	0	0	4	61
海东市	76	1392	41	0	0	0	338.14
海北州	53	405	5	0	10	0	207.1
玉树州	125	16215	121	10	0	0	648.85
黄南州	55	1910	31	0	0	0	242.8
海南州	34	1070	12	0	1	0	194
果洛州	36	3637	16	170	0	0	212.5
海西州	18	370	8	0	6	0	52.13
合计	411	25098	239	180	17	4	1956.52

4.4 高寒干旱农牧区饮水安全工程水质检测能力建设总体方案

4.4.1 建设目标

从青海省农村饮水安全工程水质检测现状出发，按照全省统筹、合理规划、资源工程、全面覆盖的原则，全省建设农村饮水安全工程水质检测中心 46 处，配备专职检验人员和检测化验设备，具备《生活饮用水卫生标准》（GB 5749－2006）中规定的 42 项水质常规指标检测能力，满足区域内农村供水工程的常规水质检测需求，基本建立农村饮水安全工程水质检测网络和信息共享平台。至 2015 年年底基本实现对全省农村集中式饮水安全工程的水质常规检测全覆盖，切实保障农村供水安全。

4.4.2 建设内容

水质检测中心建设内容分为"硬件"和"软件"两大部分。"硬件"包括工作场所和仪器设备配备，"软件"主要包括技术人员、网络与信息共享平台建设、机构以及经费保障、运行管理制度等。

4.4.3 建设标准

（1）水质检测指标及评价标准。青海省地处高寒地区，经济状况相对落后，工农业生产造成的污染物种类相对较少，根据青海省农牧区饮水安全工程水质代表性分析成果，且考虑到城镇化发展进程，此次建设选择《生活饮用水卫生标准》（GB 5749－2006）中 42 项常规指标作为每个检测中心的建设内容，针对部分存在地方性水质问题的县在县级实施方案编制中可对检测能力和检测指标进行合理调整。检测指标及评价标准满足《生活饮用水卫生标准》（GB 5749－2006）的要求。

（2）水质检测方法。水质检测方法根据《生活饮用水标准检验方法》（GB/T 5750－2006）规定进行选择，选择的检测方法的最低检出限应小于《生活饮用水卫生标准》（GB 5749－2006）中的指标限值，详见表 4-11。

表 4-11　42 项实验室常规检测指标及检测方法

检测项目		检测方法
微生物学指标	菌落总数	平皿计数法或滤膜法
	总大肠菌群、耐热大肠菌群	多管发酵法或滤膜法
	大肠埃希氏菌	多管发酵法或滤膜法
毒理指标	砷	氢化物原子荧光法
	镉	原子荧光法
	铬（六价）	二苯碳酰二肼分光光度法
	铅	氢化物原子荧光法
	汞	原子荧光法
	硒	氢化物原子荧光法
	氰化物	异烟酸-吡唑酮分光光度法
	氟化物	离子色谱法或分光光度法
	硝酸盐	离子色谱法或分光光度法
	溴酸盐	离子色谱法
	甲醛	分光光度法
	亚氯酸盐、氯酸盐	离子色谱法
	四氯化碳	气相色谱法
	三氯甲烷	气相色谱法
感官性状和一般化学指标	色度	铂-钴标准比色法
	浑浊度	散射光法
	臭和味	嗅气和尝味法
	肉眼可见物	直接观察法
	pH 值	玻璃电极法

续表

检测项目		检测方法
感官性状和一般化学指标	铝	原子吸收分光光度法或分光光度法
	铁	原子吸收分光光度法或分光光度法
	锰	原子吸收分光光度法或分光光度法
	铜	原子吸收分光光度法或分光光度法
	锌	原子吸收分光光度法或分光光度法
	氯化物	离子色谱法或分光光度法
	硫酸盐	离子色谱法或分光光度法
	溶解性总固体	重量法或电极法
	总硬度	乙二胺四乙酸二钠滴定法
	耗氧量	酸性高锰酸盐滴定法
	挥发酚类	分光光度法
	阴离子合成洗涤剂	分光光度法
与消毒有关的指标	游离余氯、二氧化氯	分光光度法
	臭氧	分光光度法
	一氯胺	分光光度法
放射指标	总 α 放射性	低本底总 α 检测法
	总 β 放射性	薄样法
项目总数		42

（3）检测仪器设备。根据《生活饮用水卫生标准》（GB 5749－2006）和《生活饮用水标准检验方法》（GB/T 5750－2006）的规定，化验室的水质检测仪器设备和材料应包括：水样处理、试剂配置需要的仪器设备和分析仪器、药剂、试剂和标样等。

（4）工作场所建设。水质检测中心应选择在无震动、灰尘、烟雾、噪声和电磁干扰的地方进行建设，应区分化验室和办公区。办公区根据具体条件确定；化验室一般包括天平室、药剂室、理化室、微生物室、分析仪器室、放射室（若不检测总 α、总 β 放射性，不设放射室）、水样品存放间。

化验室相对独立，可使用面积不小于120m²，各类化验室设独立房间，空间应满足仪器设备安装和操作等需要(天平室不宜小于8m²，药剂室不宜小于10m²，理化室不宜小于30m²，微生物室不宜小于20m²，大型分析仪器室面积根据仪器种类和数量确定、不小于20m²，放射室不宜小于20m²)。有条件的情况下可适当增加化验室面积。

实验室应采用耐火或不易燃烧材料建造，隔断、顶棚和门窗应考虑防火性能。地面应耐酸碱及溶剂腐蚀，防滑防水。化验室应确保用电安全，应有防雷接地系统，电线应尽量避免外露，电源接口应靠近仪器设备，精密检测仪器设备应配备不间断电源。化验室确保用气安全，大型分析仪器的压缩气体钢瓶应放在阴凉地方储存与使用，不能靠近火源，必须固定；应根据运行需要设排气设施，废弃排放口宜设在房顶。

化验室根据需要配置设备台、操作台、器皿柜（架），设备台和操作台应放水、耐酸碱及溶液腐蚀。微生物室应设无菌操作台，配备紫外灭菌灯。化验室应设置有害液体储存设施，配备灭火器。

（5）人员配置。具备《生活饮用水卫生标准》中规定的 42 项常规指标检测能力的水质检测中心通常应配备专门水质检测人员 6 人，具体人数由各地根据检测任务等进一步合理确定。检测人员应有中专以上学历并掌握水环境分析、化学检验等相应专业基础知识与实际操作技能，经培训取得岗位证书。岗前操作考试应包括微生物指标、消毒剂余量、感官性状，以及溶解性总固体、COD_{Mn}、氨氮、重金属等指标检测。

每个水质检测中心至少配备专业人员 3 名，另外 3 人可采用定期聘请和兼业等方式解决。

4.4.4 建设方案

青海省规划在各县级行政单元成立农村饮水安全工程水质检测中心，检测范围覆盖全省 2 市 6 州的 46 个县级行政单元。

（1）机构组建形式和检测范围。青海省农村饮水安全水质检测中心机构组建形式分为水利主管部门独立建设和水利部门与其他单位（卫生疾控中心、供水部门）联合组建。其中，由水利部门独立建设的水质检测中心为 19 处；其他水利部门无能力单独承担建设和运行的县或辖区内现有水质检测机构、监测机构、供水管理机构具有一定水质检测基础的县通过联合建设的形式成立水质检测中心共 27 处（与卫生部门下属的县疾病预防控制中心合建 19 处，与供水部门合建 8 处）。

（2）水质检测能力。新建的各农村饮水安全工程水质检测中心要达到《生活饮用水卫生标准》（GB 5749—2006）中 42 项常规指标的检测能力。具体指标为：

微生物学指标 4 项：菌落总数、总大肠菌群、耐热大肠菌群、大肠埃希氏菌。

毒理指标 15 项：砷、镉、铬（六价）、铅、汞、硒、氰化物、氟化物、硝酸盐、溴酸盐、甲醛、亚氯酸盐、氯酸盐、四氯化碳、三氯甲烷。

感官性状和一般化学指标 17 项：色度、浑浊度、臭和味、肉眼可见物、pH 值、铝、铁、锰、铜、锌、氯化物、硫酸盐、溶解性总固体、总硬度、耗氧量、挥发酚类、阴离子合成洗涤剂。

与消毒有关的指标 4 项：游离余氯、二氧化氯、臭氧、一氯胺。

放射性指标 2 项：总 α 放射性、总 β 放射性。

（3）水质检测仪器设备配置。水质检测中心配备实验室检测设备、检测车辆和便携式水质检测箱，以实验室检测为主，现场检测为辅，针对上述检测指标并结合各县区的机构组建形式，确定化验室仪器设备和现场取样、检测设备的配置。依托疾病预防控制中心或供水部门合建的 27 水质检测中心由于已经具备了一定的检测能力，建设单位已有且能满足检测需求的仪器设备不再重复购置。水利部门独立建设的 19 处水质检测中心建设之前无检测能力，因此仪器设备需全部新购。县级水质检测中心仪器设备配置详见表 4-12。

表 4-12　县级水质检测中心仪器设备配置表

科室	序号	设备名称	检测项目	单位	数量
一、实验室检测仪器设备					
天平室	1	万分之一电子天平	药品称重、溶解性总固体	台	1
理化实验室	2	普通电子天平	药品、样品称重	台	1
	3	电导率仪	电导率	台	1
	4	色度仪	色度	台	1
	5	散射浊度计	浑浊度	台	1
	6	精密酸度计	pH 值	台	1
	7	紫外－可见光分光光度计	铬、铝、甲醛、挥发分类、阴离子合成洗涤剂、氰化物、氨氮等	台	1
	8	双目显微镜	水样观测	台	1
	9	搅拌器	样品搅拌	台	1
	10	超声波清洗机	器皿清洗	台	1
	11	真空泵	抽滤	台	1
	12	超纯水机	实验用水制备	台	1
	13	电热恒温水浴锅	加热处理	台	1
	14	高速离心机	样品处理	台	1
高温室	15	高压蒸汽灭菌器	器具灭菌	台	1
	16	电热恒温干燥箱	器皿、样品等烘干	台	1
	17	万用电炉	加热	台	1
微生物室	18	超净工作台	微生物接种检测、培养基制备	台	1
	19	恒温培养箱	微生物培养	台	1
	20	菌落计数分析仪	菌落计数	台	1
药剂室	21	冰箱	样品、试剂低温保存	台	1
大仪器室	22	气相色谱仪	四氯化碳、三氯甲烷	台	1
	23	多功能原子吸收光谱仪（原子吸收+原子荧光）	铁、锰、铜、锌、铅、镉、汞、砷、硒 9 项金属指标	台	1
	24	离子色谱仪	氯化物、氟化物、硫酸盐、硝酸盐、氯酸盐、亚氯酸盐、溴酸盐等	台	1
	25	低本底总 α、β 测量系统	α、β 放射性检测	套	1

科室	序号	设备名称	检测项目	单位	数量
二、现场检测仪器设备					
	1	检测车	采样、送样、现场检测	辆	1
	2	地表水采样器	水样采集	个	1
	3	采样容器	水样采集	个	2
	4	水样冷藏箱	样品、试剂保存	台	1
	5	便携式水质检测箱	现场检测余氯、二氧化氯、浑浊度、色度、pH值、电导率、温度、微生物指标等	套	1
	6	照相机	现场取证	台	1

（4）工作场所建设。工作场所分为办公区和化验室，根据水质检测中心机构组建形式，与环保、卫生疾控中心和水厂等合建的检测中心化验室在合建单位现有化验室基础上进行修缮和基础设施配套，水利部门独建的检测中心化验室通过申请地方政府落实或从现有房屋中腾出并进行相应的装修和基础设施改造来落实。根据检测项目设计化验室的功能，化验室实际使用面积不少于120m²，由不同的独立单元构成，其中天平室不小于8m²，药剂室不宜小于10m²，理化室不小于30m²，微生物室不小于20m²，大型分析仪器室面积不小于20m²，放射室不小于20m²。试验区应设置明显的警告标志牌，对邻近区域的工作或检测项目无干扰；室内配备水路、电路等基础设施，安装必要的恒温、恒湿设备，有良好的通风、防腐设施；微生物室设立隔间并有消毒杀菌装置。

（5）人员配置。各水质检测中心需配备专门水质检测人员6人，水利部门独建的水质检测中心人员由水利部门通过聘用、兼职等方式解决，合建的水质检测中心由水利部门和合建单位协商解决。检测人员应当具备分析化学或水环境分析和卫生检验相关专业大专以上学历，并经过上岗培训取得资质证书。

（6）网络与信息共享平台建设。水质检测中心建成后，国家和省、市将对各县水质检测数据数值进行监控、统一管理和发布，各水质检测中心通过计算机将水质检测数据进行整理汇总后上传，形成农村饮水安全工程水质检测网络与信息共享平台。

4.4.5 水质检测中心运行管理制度建设

4.4.5.1 水质检测制度

（1）检测项目及频次。各水质检测中心的水质检测项目和频次根据原水水质、净水工艺、供水规模等合理确定。在选择检测指标时，应根据当地实际，重点关注对饮用者健康可能造成不良影响、在饮水中有一定浓度且有可能常检出的污染物质。必要时，可在进行《生活饮用水卫生标准》（GB 5749—2006）106项指标全分析的基础上，合理筛选确定水质检测指标。

1）集中式供水工程定期水质检测。

常规检测指标为：

污染指标是指：氨氮、硝酸盐、COD_{Mn}等。

感官指标：浑浊度、色度、臭和味、肉眼可见物。

消毒剂余量：余氯、二氧化氯等。

微生物指标：菌落总数、总大肠菌群。

集中式供水工程的定期水质检测指标和频次详见表4-13。

表4-13　集中式供水工程的定期水质检测指标和频次

工程类型	水源水，主要检测污染指标	出厂水，主要检测确定的常规检测指标	管网末梢水，主要检测感官指标、消毒剂余量和微生物指标
1000m³/d 以上的集中供水工程	地表水每年至少在丰、枯水期各检测 1 次，地下水每年不少于 1 次	常规指标每个季度不少于 1 次	每年至少在丰、枯水期各检测 1 次
200～1000m³/d 集中供水工程	地表水每年至少在水质不利情况下（丰水期或枯水期）检测 1 次，地下水每年不少于 1 次	每年至少在丰、枯水期各检测 1 次	每年至少在丰、枯水期各检测 1 次
20～200m³/d 集中供水工程	/	每年至少在丰、枯水期各检测 1 次；工程数量较多时每年分类抽检不少于 50%的工程	每年至少在水质不利情况下（丰水期或枯水期）检测 1 次

2）集中式供水工程日常现场水质检测。出厂水主要检测：浑浊度、色度、pH 值、消毒剂余量、特殊水处理指标（如铁、锰、氨氮、氟化物等）等。末梢水主要检测：浑浊度、色度、消毒剂余量等。每个月应对区域内 20%以上的集中式供水工程进行现场水质巡测。

3）设计供水规模 20m³/d 以下供水工程和分散式供水工程的水质抽检。根据水源类型、水质及水处理情况进行分类，各类工程选择不少于 2 个有代表性的工程，每年进行 1 次主要常规指标和部分非常规指标分析，以确定本地区需要检测的常规指标和重点非常规指标，并加强区域内分散式供水工程供水水质状况巡检。

（2）检测规范。水样采集的方法、时限、程序、质量控制、样品存放、运送、编号，分析结果记载等，地表水均按《水环境监测规范》（SL 219－2013）执行，地下水按《地下水监测规范》（SL 183－2005）执行。

4.4.5.2　检测报告审查、提交、发布程序及责任制度

（1）检测报告审查。检测原始记录要有校核、复核、审核三道工序，并经质量审核人审核检测成果后，方可填制检测报告。农村饮水安全水质检测中心应当对水样检测结果出

具完整、符合规范的检测报告，检测结果应当准确、清晰、明确、客观。

（2）检测报告提交。每次检测完成后，以检测中心为单位出具检测报告，内容含水源水、出厂水、管网末梢水监测成果，水质检测报告原则上应主送水质检测中心负责人。每年各检测中心分析汇总本县总报告，主送县农村供水专管机构负责人。

（3）检测报告发布。农村饮水安全水质检测中心的水质检测结果应定期报送当地水利、卫生、发展改革行政等主管部门。未经批准，不得直接向社会公开发布。青海省水利厅负责组织编制全省农村饮水安全水质检测年报，向省委、省人大、省政府、省政协等相关部门公布全省农村饮水安全水质状况。各地市水利（务）局负责编制本州市农村饮水安全水质检测年报，向市委、市人大、市政府、市政协等相关部门公布本市农村饮水安全水质状况。

（4）责任制度。集中式供水单位应根据水质检测结果，如有超标时，应有针对性地整改水处理与消毒工艺，保障供水安全。水利、卫生、环保、发展改革等部门应根据农村饮水安全水质检测中心的检测结果及时指导督促有关供水单位落实整改措施，改进供水水质。研究解决水质检测中发现的重要问题，落实相关工作措施和监管责任，不断提高饮水安全水质保障水平。

4.4.5.3 数据质量控制与质量认证

原始（纸质）记录和数据记录中有效位数等相关的数据记录与处理要规范化，正确使用法定计量单位及符号。

青海省各级水质检测中心可根据所具备的检测能力各自申请省级计量认证。高配级水质检测中心建成后两年内申请计量认证，一般配置的县级水质检测中心建成后五年内申请计量认证，简单配置的中心并入其邻近高配或一般配置的中心开展计量认证，所配设备作为可移动设备登记管理。各县级水质检测中心应按《实验室资质认定评审准则》和《水利质量检测机构计量认证评审准则》（SL 309—2007）（以下统称《评审准则》）要求做好充分准备。

4.4.5.4 突发事件检测和应急处理

建立健全农村供水安全应急处理工作机制，完善农村饮水安全工程事故应急预案，选择并保护好备用水源，做好供水材料、设备的储备，强化工程抢修技术力量。

当检测结果超出水质指标限值时，应立即复测，增加检测频次。水质检测结果连续超标时，应查明原因，及时采取措施解决，必要时应启动供水应急预案。

当发生影响水质的突发事件时，应对受影响的供水单位适当增加检测频次。

第5章 高寒干旱农牧区水源保护与开发利用技术研究（以青海省为例）

5.1 现状及存在的问题

5.1.1 供水工程水源保护与开发利用现状

我国水源的开发利用与发达国家还存在一定差距。主要表现为，首先，我国与发达国家基本采用地下水作为饮用水水源的情况不同，现有农村供水水源中包含一定比例的水库水源和河流水源。德国国土面积 35.72 万平方千米，已建立水源保护区 2 万余个，水源保护区面积占国土面积的 30%。我国水源保护区建设制度还处于起步发展阶段，与发达国家还存在很大差距。

青海省面积 72.23 万平方千米，截至 2015 年年底，全省 2806 处集中式供水工程中，规划水源保护区或范围的 307 处，仅占到 10.9%。同时青海省呈现出区域之间的差异性，东部地区河道类水源所占比例较高，中部地区次之，西部地区比例最低。其次，农村饮用水源"多、小、散"，规模化集中式供水工程覆盖率较低，水源类型复杂，点多面广，保护难度大。再次，相对城市饮用水源，农村饮用水源保护区划分工作滞后，已经划分保护区的水源划分不规范，各地重视程度不一。

从青海省层面看，青海由于牧区地域面积大，受居住分散、气候环境恶劣等原因影响，供水工程较其他省区更加分散，规模化集中式供水工程覆盖率低和水源管理保护困难的问题更为突出。水源保护方面，青海省于 2012 年出台了《青海省饮用水水源保护条例》，为青海省饮用水水源保护奠定了法律基础。2014 年青海省水利厅颁布了《青海省重要及一般饮用水水源地名录（第一批）》，名录的发布加强了所有建制市县级政府所在城市集中式饮用水源的管理保护，在一定程度上推进了规模化集中式供水工程水源保护区的划分制度建设。截至 2015 年年底，全省农牧区供水工程规模 W＞20m³/d 以上的 2664 处集中式供水水源地中，已经划定水源保护区或保护范围的有 307 处，仅占到工程总数的 12%。从全省集中式供水工程水源保护区划分程度来看，青海省水源保护区划分工作进展缓慢，未形成完善健全的水源保护划分体系，水源保护区的界限不清和范围不明导致已实施的水源保护条例和法规难以对水源进行有效的管理保护。

水源地水质方面，青海省河流含沙量较小，大部分河流天然水质良好，pH 值在 8.0 左右，河流矿化度、总硬度自东向西逐渐增加，水化学类型从东部的中碳酸盐类向西部氯化物类转化，但仍以重碳酸盐-钙型分布最广。2016 年对全省 78 条河流共计 133 个断面的水质进行监测评价，评价总河长 11930.2km。年度评价水质符合或者优于III类水质标准的河长为 11399.5km，占总评价河长的 96%；劣于III类水质标准的河长为 530.7km，占总评价河长的 4%。地下水除湟水地区受人类活动影响较大，部分地区水质类别为IV类、V类，其余地区地下水水质主要受水文地质条件的影响，水质类别多为III类。

5.1.2 存在的问题和需求

（1）水源配置不合理。由于农村供水工程各个阶段的建设目标不同和投入的限制，青海省农村供水工程水源配置多以单村和小区域供水工程为主，规模化集中式供水工程较少，分散式供水工程较多。一方面存在较大设计规模小受益人口的供水工程，没有将供水工程的设计供水能力发挥出来；另一方面存在小规模大受益人口的供水工程，导致供水保证率不高。

（2）水源保护区划分工作缓慢。小型集中式供水工程的水源保护区划分比例较低，缺乏针对青海省农牧区小型集中式供水工程水源和分散式供水工程水源保护区（范围）的划分规范和依据。已经划分的水源保护区编制依据不统一，部分小型集中式供水工程水源保护区的划分未经省级政府批准，部分水源保护区划分方法缺乏合理的法规依据，未对已经划分的各级水源保护区的截污纳污能力充分论证，难以形成对水源有效的管理保护。另一方面，部分集中式水源保护区划定不清，边界不明，水源保护区规范化建设不达标，环境风险隐患较大。

（3）水源保护区保护隔离设施建设不规范。已划分水源保护区的水源地水源保护标志牌配置率不高，部分水源保护区隔离设施、界标、宣传牌设置不规范，未按照《饮用水水源保护区标志技术要求》（HJ/T 433）的要求设置。现有的隔离设施建设标准低，存在未能完全覆盖水源保护区的情况，难以对水源地形成有效的隔离保护。

（4）水源地周边污染隐患日渐凸显。饮水安全解困时期，由于青海省农牧区供水工程水源多处于人烟稀少、相对偏远的地区，受人为生产生活扰动较小，水源地水质整体情况较好。近些年，随着农业生产规模的不断扩大和城镇化的建设，青海省农区由于农业面源污染对水源构成的污染隐患已日益凸显，牧区分散式水源地由牛羊粪便造成的水源地微生物超标的问题十分突出。部分水源保护措施不完善的水源存在由农业面源污染和牲畜粪便导致的水质不达标问题，按照《生活饮用水卫生标准》的要求和《青海省农牧区巩固提升工程"十三五"规划》的建设目标，加强针对以上两类突出问题的水源地污染防治工程建设。

5.2 适宜农牧区水源保护技术及模式研究

依据青海省农牧区饮用水源地水质总体情况较好的特点和以上问题，现阶段青海省农牧区水源保护的前提是科学布局农村供水工程管网建设、优化配置不同类型水源；以规范化划分不同类型水源地保护区（范围）为基础，完善地方水源保护区法制体系；加大水源地防护隔离设施标准化建设；不断加强水源地水质监测能力水平；积极推进水源保护区污染防治技术应用等综合措施来从各个方面提升青海省农牧区的水源保护技术模式和管理能力。

5.2.1 优化水源配置布局和开发利用

针对青海省农牧区水源以分散式供水工程居多，规模化集中式供水工程覆盖人口较少的特点，在青海省农牧区供水工程管理人员不足的背景下，优化整合已有的中小型集中式供水工程水源，不断提高规模化集中式供水工程覆盖人口，整合由水文地质原因、水量水质季节性变化引起水源保证率不高的小型集中式和分散式供水工程。提高规模化大、中型集中式供水工程比例和受益人口的同时，持续推进规模化集中式供水工程自动化管理能力和水平，通过优化水源配置、供水工程合理布局来提高对水源的管理保护水平。

同时对适宜青海省农牧区的水源开发利用技术模式开展研究，研发具有代表性的水源取水工艺——新型渗渠取水技术。通过对适宜青海省农牧区水源技术模式的研发和技术创新，从水源地取水口工程建设方面提高水源保护标准，提高供水工程水量、水质保证率。

5.2.2 规范化青海省农牧区饮用水源保护区（范围）的划分

2017 年 6 月 27 日全国人民代表大会审核通过了《中华人民共和国水污染防治法》修正案，自 2018 年 1 月 1 日起施行。修订后的水污染防治法强化了饮用水水源保护区的管理制度，明确规定国家建立饮用水水源保护区制度；明确了水源保护各分区内的禁止事项，规定禁止在饮用水水源保护区内设置排污口；明确了饮用水水源保护区划定机关和争议解决机制；规定县级以上地方人民政府有关部门应当至少每季度向社会公开一次饮用水安全状况信息。同时环境保护部与 2018 年 3 月 9 日发布了《饮用水水源保护区划分技术规范》（HJ 338－2018），修订后的划分标准明确了千人以上集中式供水工程水源保护区的划分适用此标准。进一步明确了对"集中式饮用水水源地"的定义，与水利部门《村镇供水工程设计规范》（SL 687－2014）标准的定义存在区别；明确了一级、二级和准保护区管理上强化的要求，明确各自区域内不得实施的相关行为，进一步明确了《中华人民共和国水法》和《中华人民共和国水污染防治法》的相关要求，完善了水源保护各级区的划分方法和管理要求。

本研究在梳理了《中华人民共和国水污染防治法》《饮用水水源保护区污染防治管理规定》《青海省饮用水源保护条例》等水源保护法规体系的基础上，对照修订后的《饮用水水源保护区划分技术规范》（HJ 338－2018），鉴于青海省农牧区小型集中式供水工程、分散式供水工程比例和受益人口较多的特点，而现有的水源保护区法规体系和水源保护区划分标准基本都是针对大型集中式供水工程水源保护区的管理和保护措施，本研究提出需要对青海省农牧区占到绝大多数的微小型集中式供水工程水源和分散式供水工程水源制定相应的管理保护法规和统一的划分标准，将微小型集中式供水工程水源和分散式供水工程水源纳入法制化、规范化、标准化的管理保护渠道。同时提出将青海省农牧区饮用水源的划分技术方法按以下三种类型进行划分：

（1）供水人口在千人以上的集中式水源。对于此类集中式水源，根据《中华人民共和国水污染防治法》《饮用水水源保护区污染防治管理规定》《青海省饮用水水源保护条例》相关法律的要求，严格执行水源保护区管理制度。按照修订后的《饮用水水源保护区划分技术规范》（HJ 338－2018）中规定的划分方法对此类工程涉及的地表水（河流、湖泊、水库）、地下水（孔隙、裂隙、岩溶水）的水源保护一级区、二级区、准保护区的水域和陆域范围进行划分，划定后的饮用水水源保护区，由有关市、县人民政府提出划定方案，需报省政府获得批准。对此类集中式供水工程的水源保护和管理纳入法制化、规范化轨道。

（2）供水人口在千人以下的集中式水源和分散式水源。对此类供水工程水源保护范围的划分按照《分散式饮用水水源地环境保护指南》和《农村饮用水水源地环境保护技术指南》（HJ 2032－2013）的划分方法和依据进行保护区划分和管理保护。本研究在参照环保部两个指南对农村分散式供水工程水源进行划分和保护的基础上，提出了适宜青海省分散式供水水源特点的水源保护范围划分方法。

分散式供水工程水源应设置水源保护范围对水源进行保护，并根据需要在水源保护范围外设置水源涵养区，县级以上地方人民政府应当根据保护饮用水水源的实际需要，在水源涵养区内采取工程措施或者建造湿地、水源涵养林等生态保护措施，确保饮水安全。

A. 水源保护范围划分技术原则

a. 确定饮用水源保护范围应考虑以下因素：水源地的地理位置、水文、气象、地质特征、水动力特性、水域污染类型、污染特征、污染源分布、排水区分布、水源地规模、水量需求、社会经济发展规模和环境管理水平等。

b. 划定的饮用水水源保护范围，应防止水源地附近人类活动对水源的直接污染，应以确保饮用水水源水质不受污染为前提，以便于实施环境管理为原则。

c. 水源保护范围边界的划分应能保证地表型饮用水源保护范围内水质不劣于《地表水环境质量标准》（GB 3838－2002）Ⅱ类标准，牧区可放宽至不劣于Ⅲ类标准；地下水型饮用水源保护范围内水质应达到《地下水质量标准》（GB/T 14848－2017）Ⅲ类及以上标准。

d. 由于天然背景值或上游污染短期内无法满足水源水质目标要求的，应确保饮用水中无肉眼可见杂质、无异色异味、用水户长期饮用无不良反应；也可以取水水质达到《生活饮用水卫生标准》（GB 5749—2006）中的农村供水水质宽限规定为要求。

e. 分散式饮用水源保护范围的划分应采取以类比经验法为主，综合应急响应时间法和数值模型计算法进行验证的原则。

B. 不同类型水源保护范围的划分

a. 河流型水源地取水口上游不小于 500m，下游不小于 100m，两岸纵深不小于 50m，但不超过集雨范围。

b. 湖库型水源地取水口半径 200m 范围的区域，但不超过集雨范围。

c. 小型塘坝水源保护范围：不大于库塘水面、正常水位线以上水平距离 50m 范围。

d. 水窖水源保护范围：集水场地区域。

e. 地下水水源保护范围：应大于井的影响半径，取水口周边 10～50m 范围。傍河取水水源的保护范围参照此要求执行。井的影响半径范围根据水源地所处的水文地质条件、开采方式、开采水量和污染源分布情况确定。

C. 水源涵养区的设置条件

存在以下情况之一的，可根据实际需要和条件在水源保护范围外设置水源涵养区。

a. 因水源保护范围外的区域点源、面源污染影响导致现状水质超标的，或水质虽未超标，但主要污染物浓度呈上升趋势的水源。

b. 流域植被受人为影响存在退化或自然退化的山涧水、溪流水水源。

c. 流域上游风险源密集，超过 3 个以上的风险源的水源。

d. 流域上游未来存在较强的开发利用项目建设，建设项目存在潜在污染风险的水源地。

5.2.3 水源保护区防护隔离设施和标志牌建设

（1）对于已经划分水源保护一、二级区和准保护区的集中式供水工程水源，饮水源保护区划分方案获得省级政府批准后，有关地方人民政府应当按照《饮用水水源保护区标志技术要求》（HJ/T 433—2008）的要求，在饮用水水源保护区边界设立界标、警示牌和宣传牌。

1）界标设置。应根据最终确定的各级保护区界限，充分考虑地形、地标、地物等特点，将界标设立于陆域界限的顶点处，在划定的陆域范围内，应根据环境管理需要，在人群活动及易见处（如交叉路口、绿地休闲区等）设立界标。

2）警示牌设置。警示牌设在保护区的道路或航道的进入点及驶出点，在保护区范围内的主干道、高速公路等道路旁应每隔一定距离设置明显标志，穿越保护区及其附近的公路、桥梁等特殊路段加密设置警示牌。警示牌位置及内容应符合《道路交通标志和标线》

（GB 5768）和《内河助航标志》（GB 5863－1993）的相关规定。

3）宣传牌设置。应根据实际情况，在适当的位置设立宣传牌，宣传牌的设置应符合《公共信息导向系统－设置原则与要求》（GB/T 15566）和《道路交通标志和标线》（GB 5768）的相关规定。

（2）对于分散式水源保护范围内的标志警示牌设置除了按照《饮用水水源保护区标志技术要求》（HJ/T 433）进行规范化设置外，通常按以下标准进行设置。

1）河流取水口周围 100m 及上游 500m 处，湖库周围 500m 处应设立隔离防护设施或标志。

2）联村、联片或单村取水井水周围 100m 处应设立隔离防护设施或标志。

3）在泉水水源附近建设引泉池，泉水周围 100m 及上游 500m 处应修建栅栏等隔离防护设施。

5.2.4 水源地水质监测体系建设

水源水质监测的目的是及时全面掌握水源水质的动态变化特征，为水源水质的准确评价和水源的合理开发利用以及水源污染防治提供准确可靠的数据依据。县级政府相关部门定期开展水源水质监测，监测点可设在水源取水口处。地表水源的监测项目为《地表水环境质量标准》（GB 3838－2002）表 1 和表 2 中的指标；地下水源的监测项目为《地下水质量标准》（GB/T 14848－2017）表 1 中的指标，还应定期开展细菌总数监测。同时，按照水污染法的要求，在完善水质监测机制的同时，水质监测结果应至少每季度向社会公开，对水源保护工作形成倒逼机制，促进饮用水水源保护区的保护管理。

（1）集中式供水工程水源。集中式饮用水水源应每月开展 1 次常规指标监测，地级以上城市需定期开展水质全分析，其中，环保重点城市、环境保护模范城市的饮用水水源应每年至少开展 1 次水质全分析。

镇级（含街道）集中式饮用水水源应每季度开展 1 次常规指标监测，有条件的地方每年可开展 1 次全指标监测；农村或其他已确定保护区内常年不存在污染源或风险源的地区，监测频次应按照国家或地方有关规定执行。风险较高的饮用水水源，应对水源及连接水体增加监测频次。

（2）分散式供水工程水源。对于常规项目，有条件的地区应每年按照丰、平、枯水期开展水质监测；没有条件的地区，应每年监测一次。对于特定项目，应每 3～5 年监测一次，检出或者超标的指标，应按照常规项目的监测频次进行监测。

饮水型地方病或天然背景值（如苦咸水、高氟、高砷）较高的地区，应增加反映特征化学组分的监测项目。

5.2.5   适宜青海省农区的水源保护区污染防治技术

针对青海省农牧区不同供水规模、不同水源类型的特点，结合国内已成熟应用的水源保护技术模式，提出针对青海省农区水源保护区污染防治的前置预处理技术和生态拦截型沟渠。

（1）前置预处理技术。主要用于农区小型集中式供水工程地表水源的保护，采取山涧沟道地表水作为饮用水的水源在汛期时，通常面临河水浊度高、泥沙含量大，汛期水质不达标的问题。前置预处理技术对污染水体或汛期水体进入水源地前，利用水平铺设块石+齿型梯形铅丝石笼先对进入的水体降低流速，对大颗粒物质进行预沉淀，随着水体缓慢进入预沉淀池，对细颗粒浑浊颗粒进行物理沉降，最后进入水源地，防止取水构造物及滤层堵塞。前置预处理技术结构如图 5-1 所示。

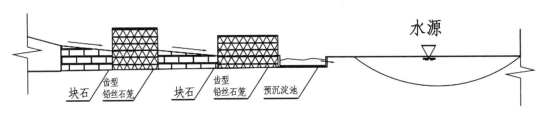

图 5-1   前置预处理技术结构示意图

（2）生态拦截型沟渠。生态沟渠技术是利用生态学理论和工程学原理对传统的沟渠进行改造，使其兼顾灌溉和污水净化等功能的技术。生态拦截型沟渠主要适用于对农田面源污染隐患的水源地的防治。沟渠的渠道横断面呈梯形，渠道的两壁和底部采用蜂窝状混凝土板材硬质化，在渠道末端的底部有间隔地呈蛇形排列设置若干过滤箱，所属过滤箱是一个四壁布满孔、内充吸附材料的箱体，并在渠道中分段设置有节制闸，在节制闸的近中部位置设置两个控水阀，在蜂窝状孔中种植对 N、P 营养元素具有较强吸附能力的植物，用水吸收农田排水中的 N、P 营养元素，从而减少受纳水体的富营养化。沟渠生态处理后仍可以正常发挥输水配水功能，仍能满足防洪设计标准，在农业非点源污染控制中具有很大的推广价值。

5.2.6   适宜青海省牧区的水源保护区污染防治技术

牧区地下水水源的隔离防护技术主要针对占青海省农村供水水源绝大多数的井水水源进行保护。具体的防护措施为：以水井为中心，周围设置坡度为 5% 的硬化导流地面，半径不小于 3m，30m 处设置导流水沟，防止地表积水直接下渗进入井水。导流沟外侧设置防护隔离墙，高度 1.5m，顶部向外侧倾斜 0.2m，或者生态隔离带宽度 5m，高度 1.5m。地下水源隔离防护和取水口隔离工艺示意图如图 5-2、图 5-3 所示。

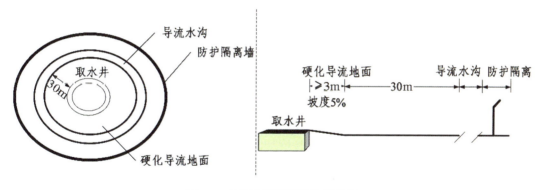

图 5-2　地下水源隔离防护示意图

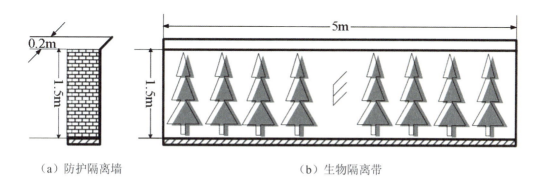

（a）防护隔离墙　　　　　　　　　（b）生物隔离带

图 5-3　地下水源取水口隔离工艺示意图

5.2.7　水源保护的宣传和舆论引导

加强农村饮水水源的保护工作，除了工程措施的建设，还需要加强水源保护区保护宣传力度，引导公众参与保护。还应加强水源环境防护方面知识宣传和技术指导，大力推广科学种田、合理施用农药和化肥，增强农民的饮用水水源环境保护意识，建立公众参与的水源地环境保护机制。

本研究将水源保护方面的法规、制度和水源保护常识筛选整理，以浅显易懂的语言和图文并茂的形式制作了《水源保护宣传册》，以发放宣传册的形式在民和县开展了水源保护宣传教育活动。宣传册的发放提高了农民自发保护饮用水源地的认识，在积极了解饮用水保护的重要性以及保护知识的同时，向家人、朋友、邻居宣传饮用水源保护，加强了自身的权利和责任意识，形成了全社会共同参与保护饮水安全的趋势。

农民是农村饮用水水源地保护项目实施的主体，只有加大农民的水源保护参与力度，通过发挥好村委会、农民用水合作组织、农村其他相关组织的作用，调动农民参与农村水源保护的积极性，在考察当地村规民约的基础上制订农村饮用水水源管理制度，才能建立因地制宜的农村水源长效管护模式，形成人人关心，共同努力的氛围，确保治理成效。

5.3 适宜青海农村供水的水源开发技术——新型渗渠取水技术研究

5.3.1 国内外研究现状

我国很早就开始使用渗渠，起初在东北地区修建，但为数不多。1949 年后，在铁路、城镇给水工程和工厂均采用渗渠，使用非常广泛，并且利用渗渠可以为开发利用水资源提供新工艺，开辟新途径。吴正淮对我国渗渠的实际应用进行了归纳，其中集取地下水的渗渠的水源有阜新市的细河水源、吉林松花江水源、鸡西穆棱河水源以及乌鲁木齐水源等，渗渠在以上水源处均有铺设；集取河水的渗渠水源有抚顺榆林水源、通化水源、苇子沟水源和西安沪河水源等。在国外许多国家采用渗渠取水工程，集取地下水作为供水水源也比较多，效果非常好。国外渗渠一般多埋在砂砾石含水层中，单位产水量较大，约 $18\sim176m^3/d$；在砂层中，单位产水量较小，约 $7\sim24m^3/d$；所以国外经验，渗渠埋设在砂砾石的含水层中，是最成功的。因为砂砾石含水层孔隙率大、透水性好、渗水率高、单位产水量大。意大利那不勒斯研究在较厚含水层中修建集取地下水的渗渠，每天产水量高达 10 万 m^3，单位产水量高达 $176m^3/d$；美国许多渗渠建在河床下，集取河水的垂直渗透水；在德国，利用渗渠处理和回收有机污染病菌和有机废物的污水；国外学者对含水层的淤塞以及过滤问题也进行了研究，Stephanie Rinck-Pfeiffer 通过对澳大利亚南部一个盆地入渗场的研究认为，含水层淤塞是物理、化学和生物作用的结果；Stein、Shekhtmna 等人对快速过滤理论进行了大量的研究，得出"杂质在过滤层中的穿透深度是时间的函数，合理而有效的过滤方法是待滤水先经过粗滤料，再经过细滤料的过滤"。

随着渗渠在国内外的普遍应用，许多学者对渗渠在实际应用方面的研究也越来越丰富，对实际工程中出现的一些问题进行针对性的探讨，包括渗渠的进水口、集水管的孔隙率以及渗渠反滤层等问题，但针对渗滤材料应用的研究还不多。

5.3.2 青海省渗渠取水工程建设现状

截至"十二五"期末，青海省共建有 2806 处农村集中供水工程，其中配套水处理设施的工程仅 43 处，占工程总数的 2%；配套消毒设备的工程仅 88 处，占工程总数的 3.1%。由于渗渠取水工艺具有简单的水处理功能并具有降低原水浊度的特点，在青海省农牧区水源水质较好的山溪沟道等以集取河床潜流水作为供水水源的工程中得到了广泛的应用，在"饮水解困"时期建设的中小型集中式供水工程中，渗渠取水工程数量最多，且大部分为未建有水厂和配套水质净化消毒设施。全省供水规模在 $20\sim1000m^3/d$ 之间的集中式供水工程，主要以机井供水工程、渗渠集取河道潜流水供水工程、引泉室供水工程为主。分布区域上，由于青海省农牧区渗渠取水工程主要以集取山涧沟道溪流水为主，多分布在海东市山区沟道较密集的村镇、海北州门源县、祁连县山区村镇，黄南州同仁县、尖扎县山区村镇，海南州贵德县、同德县山区村镇。从示范地民和县现状农村供水工程的分布情况来看，截至目前民和县 85 处农村供水工程中有 21 处为渗渠取水人饮工程，且大部分布置于山区沟道、溪流的中上游段，工程供水规模在 $20\sim1000\text{m}^3/\text{d}$ 之间，单项工程供水人口一般在 1000 人以内。

由此可知，以集取河床潜流水和浅层地下水的傍河渗渠取水工艺是青海省农牧区供水工程水源开发利用最主要的一种取水方式，具有很强的代表性，渗渠取水工程的运行状况直接反映了青海省农牧区中小型集中式供水工程的饮水安全水平。因此，针对渗渠取水技术的研究对提高青海省农牧区供水工程巩固提升能力和饮水安全水平具有重大意义。

5.3.3 青海省渗渠取水工程特点

（1）青海省农村供水的渗渠取水工程大部分为小型集中供水工程，多数布置于山涧小溪、小河，供水规模较低。大多数工程日供水量小于 $200\text{m}^3/\text{d}$，覆盖人口小于 1000 人。

（2）由于建设初期设计依据不充分，取水水量计算不够严谨，缺乏试验验证，存在设计能力大于实际供水需求，且随着运行时间的增长滤料的淤积，实际供水能力达不到实际需水量、在保持设计水位降深不变条件下的出水量逐年衰减、枯水期取水量骤然下降等问题，供水保证率较难达标。

（3）绝大多数工程对反滤层的级配采用的经验数据设计，缺乏实际论证和计算，导致渗渠运行过程中反滤效果不明显，甚至出现"管涌"等滤层滤净能力失效的情况。

（4）受限于工程投资和建设期施工条件的限制，多数渗渠取水工程建设标准低，施工质量不高，且由于多数位于深沟和交通不便的地区，导致维修管护工作困难，年久失修后导致不能发挥正常效益甚至出现无法正常供水的情况。

（5）由于供水规模较小、水源水质相对较好，受限于建设投资的限制，只有少部分配套了消毒设施。绝大部分缺乏水处理净化设施，洪水季节几乎都有含沙量较大，浊度超标的问题。

（6）水源保护设施建设标准低或没有进行水源保护，部分受人类活动扰动较大的渗渠取水水源地，存在水源污染隐患。

5.3.4 需要解决的问题

（1）供水保证率不高。由于青海省内的渗渠取水工程大部分布置在海拔较高、来水量受季节性影响较大的山涧小溪和季节性河流上，当河流处于冬季和枯水期时，天然来水量骤然减小甚至出现河道断流的情况，导致渗渠取水量不足而引起供水保证率不足的问题。

枯水季节河道来水量较少时，一些渗渠供水工程均存在不能正常供水甚至无法供水的情况。因此，目前青海省渗渠取水工程首先需要提升供水工程的供水保证率。

（2）水质达标率低。目前青海省内渗渠取水工程以 20～1000m³/d 最多，多数修建于2001—2004 年前后的饮水解困时期，受限于当时的建设标准和投资规模，基本没有配备水质消毒设施，而处于农牧区的渗渠地表水源又容易受到牲畜粪便的污染，水质微生物超标的情况较为突出。因此，对于青海省供水规模在 20～1000m³/d 的渗渠取水工程，需要配套建设消毒设施来解决水质不达标的问题。同时，由于反滤层设计缺乏试验依据、部分集水廊道取水存在未能完全封闭的原因，导致洪水季节河流泥沙含量较大时，渗渠的滤净能力下降，存在供水水质含沙量大，浊度超标的情况。

（3）工程建设不规范。受限于当时的施工条件和技术水平，饮水解困时期建设的 20～1000m³/d 规模的渗渠饮水工程普遍缺乏规范化的设计和标准化的施工。按经验数据进行设计的工程较多，致使工程运行后存在缺陷和隐患，需要对今后的新建、维修改造工程进行规范化建设。

5.3.5 主要研究过程

本研究的主要目的是通过新型渗滤材料的应用，解决传统渗渠取水工程运行一段时间后，由渗滤系统淤积引起的水质和水量下降的问题，增强渗渠取水工艺对水资源的开发利用率，为渗渠取水工程提供设计依据和技术示范。主要的研究过程如下：

（1）分析国内外渗渠取水工程的设计运行现状，找出问题，为青海省渗渠取水工程提供理论支持。

（2）利用新材料——毛细透排水带的集水和过滤功能，研发新型的渗滤结构和渗渠取水工艺。

（3）完成新型渗渠取水工艺在农牧区饮水安全巩固提升工程中的技术示范，通过示范工程的建设，以点带面，提高青海省农牧区供水工程供水保证率和水质达标率。

（4）研发新型渗渠取水工艺并进行推广示范建设是全面解决青海省 1622 个贫困村、52 万贫困人口的饮水安全问题、提升供水覆盖率、水质达标率、打赢青海省脱贫攻坚战、全面建成小康社会的有力保证。

5.3.6 毛细透排水带渗滤试验

1. 新型渗渠取水的工艺流程

新型渗渠取水工艺主要是采用新材料——毛细透排水带作为渗渠的主要取水和过滤结构，代替传统 PVC 管、混凝土管、钢管作为渗管的一种新型渗渠的取水工艺。具有设计结构简单，取水和滤净能力高，运行维护方便等特点。

2. 毛细透排水带渗滤取水对比试验

（1）毛细透排水带取水工艺及特点。

毛细透排水带作为新型排水材料，有效结合了毛细力、虹吸力、表面张力、重力的效力，克服了传统排水材料易堵塞的缺点，解决了渗渠因滤层阻塞集水困难的问题。其排水主要原理：毛细透排水带是在软质橡胶塑料材料上开设密集槽孔，槽孔设计为内大外小，利用毛细吸水原理，水流由下往上倒吸进入毛细导水槽孔，由于沟槽进水口宽度较导水毛细管直径窄小较多，水流中的土壤颗粒因重力产生自然沉淀，土壤颗粒不会随同水流进毛细导水管内，也不会在进水槽沟附近产生淤积。同时，毛细透排水带巧妙利用表面张力现象使水流在窄沟槽上自动形成封闭水膜，阻止水流在沟槽外漏。当水开始进入带体内部时，毛细现象会自然而然地对土壤中的水分产生抽吸效果，直到毛细导水管灌满，然后水体在重力作用下流向出口排放。当水流到达出口溢出时，水体因存在落差又在排水带沟槽内产生虹吸作用，进一步对土壤内部产生负压，大幅增加吸排水效率。毛细透排水材料采用耐候可塑性 PVC 软质材料挤出成型，其厚度为 2mm 可塑 PVC 软质塑片上横向每间隔 1.5mm 开设直径为 1mm 的毛细孔并沿塑片纵向全长延伸，沿全长延伸的毛细孔下方纵向全长度剖开 0.2～0.3mm 宽度的吸水沟槽，使槽孔相接形成内大外小的 Ω 结构，如图 5-4 所示。

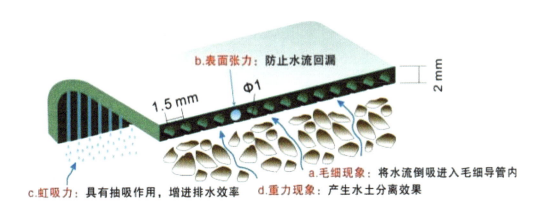

图 5-4　毛细透排水带结构图

（2）试验装置及方案。

1）试验装置。本试验设计由箱式渗滤单元、普通 PVC 渗管、透排水带渗管和反滤层组成。箱式渗滤单元由 2 个长 1.28m×宽 1.84m×高 1.2m 的砖砌体组成，中间用砖砌隔墙隔开，渗滤箱四周内壁均用 C15 砂浆抹面处理，底层采用厚度为 12cm 的 C15 砂浆填筑后，用素土夯实处理，素土厚度为 30cm，砌筑完成后形成两个独立的渗滤箱。在两个渗箱中间、素土面以上，沿纵深方向分别布置普通 PVC 渗管、环形毛细透排水带渗管、立式毛细透排水带渗管。渗管伸出箱体 0.15m，并在出口设置放水阀门。渗滤装置结构如图 5-5 所示。

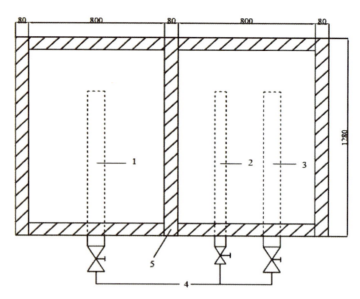

1－普通 PVC 渗管；2－环形毛细透排水带渗管；3－立式毛细透排水带渗管；4－阀门；5－隔墙

图 5-5　渗滤装置结构示意图

两个渗滤箱中分别布置三种不同形式的渗管：

a. 普通 PVC 渗管：管径 10cm，长 1.2m，管壁 200°范围内开孔，孔径 5mm，孔间距 15mm，梅花型布置。

b. 环形毛细透排水带渗管：渗管直径 5cm，长 1.2m，管壁周围用毛细透排水带包裹，透排水带面积为 0.16m²，如图 5-6 所示。

c. 立式毛细透排水带渗管：渗管直径 10cm，长 1.2m，沿渗管纵向开槽，夹入毛细透排水带。立式毛细透排水带与环形渗管毛细透排水带面积相等，为 0.16m²，如图 5-7 所示。

图 5-6　环形毛细透排水带渗管　　　　　　图 5-7　立式毛细透排水带渗管

2）设计两种反滤层，滤层设计如下：

反滤层的作用是防止渗流出口处土体由于渗透变形或流失而引起破坏。依据太沙基准则，同时结合已建渗渠取水工程的反滤层设计实际经验，本试验设计单一均质滤层和多层均质滤层进行对比渗滤试验。

a. 单一均质滤层：用粒径 d=20mm 的砾石填充，厚度为 60cm。

b．多层均质滤层：从上至下，d_1=2～5mm 厚 20cm 粗砂，d_2=10～20mm 厚 20cm 砾石，d_3=20～40mm 厚 20cm 卵石，如图 5-8 所示。

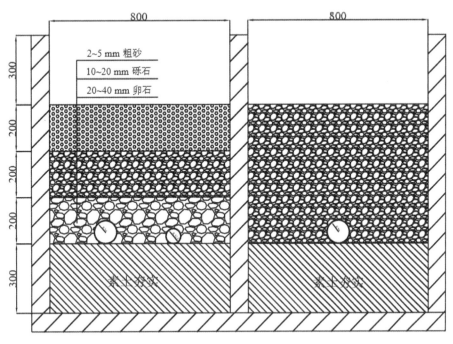

图 5-8　渗滤箱横断面图

c．根据一般情况下河流悬移质的级配特点和悬移质泥沙平均粒径（黄河兰州段 0.036mm），同时考虑到渗透排水带吸水沟槽宽度只有 0.2～0.3mm，本试验浑水设计选用试验地河流 d≤1mm 的河砂进行配置，泥沙含量为 7.8kg/m³。

d．渗滤单元旁边另砌筑一个长 1m×宽 1m×高 1.2m 的浑水池，用来配置试验用的浑水，配备电动搅拌器对浑水搅拌，用污水泵抽取浑水至渗滤箱单元。

e．试验方案。

首先，根据如上所述浑水的设计要求按照含沙量 7.8kg/m³ 的标准配置浑水，用水泵抽取配置好的浑水分别注入各渗箱内，使得渗箱水位保持在反滤层以上 20cm，并依此打开各个渗管的出水阀门，待出水量保持稳定后，分别测量三种渗管在单一均质、多层均质反滤层环境下的出水速率、泥沙含量。出水泥沙含量用比重瓶法测定。出水速率和泥沙含量均测量 3 次取平均值。

（3）试验结果与分析。

依据前述试验方案和步骤，取得不同反滤层环境下、不同渗管的出水速率、泥沙含量试验结果如表 5-1、图 5-9、图 5-10 所示。其中相对变化率=（多层均质−单一均质）/单一均质×100%。

表 5-1　试验数据及分析结果

集水管类型	滤层类型	出水速率/（m³/h）	出水泥沙含量/（kg/m³）
环形毛细透排水带渗管	多层均质	0.517	7.60
	单一均质	0.498	6.122
相对变化率		3.82%	24.14%
立式毛细透排水带渗管	多层均质	5.107	4.987
	单一均质	4.992	2.527
相对变化率		2.30%	97.35%
普通 PVC 渗管	多层均质	7.660	5.333
	单一均质	8.301	5.700
相对变化率		-7.72%	-6.44%

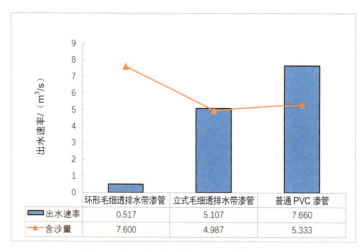

图 5-9　多层均质反滤层不同渗管对比图

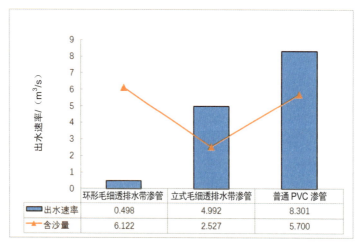

图 5-10　单一均质反滤层不同渗管对比图

1）相同反滤层条件下不同渗管出水速率的对比。从图 5-9 和图 5-10 可以看出，在多层均质滤料和单一均质滤料条件下，三种渗滤材料的出水速率均为：普通 PVC 渗管＞立式毛细透排水带渗管＞环形毛细透排水带渗管，普通 PVC 渗管出水速率大于毛细透排水带渗管的原因主要有两点：一是毛细透排水带在大粒径（$d \geqslant 20mm$）环境下，由于滤料渗透系数较大，保水性差，毛细透排水带的毛细作用不强，主要以毛细管重力作用取水为主，导致集取水量较小；二是本次试验采用的毛细透排水带面积较小，仅为 $0.16m^2$，而普通 PVC 渗管的集水孔直径、密度相对较大，导致其出水速率大于两种毛细透排水带渗管。环形毛细透排水带出水速率小于其他两种渗管的原因除以上两点外，还因为环形毛细透排水带的布置形式缺少输水的重力和虹吸力，由此引起集水能力远小于其他两种渗管。

2）相同反滤层条件下不同渗管出水含沙量的对比。三种渗管的出水泥沙含量为环形毛细透排水带渗管＞普通渗管＞立式毛细透排水带渗管。分析原因是环形毛细透排水带的布置形式垂直于渗流方向，浊水首先由于重力作用被吸入输水管，但由于环形毛细透排水带的布置形式，浊水中的土壤颗粒无法实现与水流分离而造成出水泥沙含量较大；而立式毛细透排水带在渗滤过程中，浊水中的土壤颗粒受到的重力大于毛细吸力且由于毛细管内大外小的 Ω 结构，毛细透排水带的"滤净"能力得以突显，使其出水含沙量小于其他两种渗管。

3）不同反滤层对取水量和滤净能力的影响。由表 5-1 可以看出，环形毛细透排水带渗管、立式毛细透排水带渗管的出水速率表现为多层均质滤层＞单一均质滤层，相对变化率为 3.82%、2.30%，分析原因是在多层均质滤料环境下，滤料渗透系数较小，土壤毛细作用力相对增大，毛细透排水带的集水效果明显，所以出水速率大于单一均质滤层。环形毛细透排水带渗管、立式毛细透排水带渗管的出水泥沙含量为多层均质滤层＞单一均质滤层，相对变化率为 24.14%、97.35%，相对于出水速率的变化，不同反滤层环境下出水含沙量的变化较大。说明单一均质滤层能更好地发挥毛细透排水带的"滤净"的作用，且相对于采用单一均质滤层"牺牲"的出水量，泥沙含量减少的百分率更大。

普通 PVC 渗管的出水速率、泥沙含量在两种不同反滤层环境下均表现为与毛细透排水带渗管相反的变化，即出水速率：单一均质滤层＞多层均质滤层，相对变化率为-7.72%；出水泥沙含量：单一均质滤层＞多层均质滤层，相对变化率为-6.44%。说明对于普通 PVC 渗管，反滤层的结构对整个渗滤系统的出水速率和泥沙含量起主要作用，单一均质滤层的出水速率大于多层均质滤层，且单一均质滤层的出水泥沙含量大于多层均质滤层，这与张智雄等人在《渗渠取水工程反滤结构的试验研究》中所取得的试验结果一致。

（4）结论。

1）排水带集水能力、滤净能力受到排水带布置形式的作用明显，当排水带竖向布置，毛细力和重力起主要作用时，集水能力和滤净能力均大于环形布置。

2）反滤层对渗透排水带渗管集水能力的影响相对于滤净能力的影响较小，不同的反滤层环境，出水速率的相对变化率较小，而出水含沙量的相对变化率较大。在这种系统中，渗透排水带对出水速率和出水泥沙含量的大小起主要作用。

3）反滤层在普通 PVC 渗管组成的渗滤系统中对出水速率和出水泥沙含量的大小起主要作用，反滤层的渗透能力和滤净能力与渗滤系统的出水速率和泥沙含量呈正相关性。

4）在同等反滤层环境下毛细透排水带的滤净能力大于普通 PVC 渗管。

5）在同等反滤层环境下毛细透排水带单位面积的取水量一般为普通 PVC 渗管的 0.8～0.85 倍。

试验所得的结论：在单一均质滤层环境下，增大渗透排水带的面积，可以使得毛细渗透排水带的取水效果发挥到最优，增大渗管取水量的同时减少出水的泥沙含量。依据以上结论和毛细透排水带的特点，提出运用毛细透排水带渗管代替传统渗管的新型渗渠取水工艺，同时根据毛细透排水带特性优化传统反滤层结构，解决传统渗渠取水工程洪水期水质浑浊，反滤层淤积后供水保证率低的问题，并进行示范工程建设。

5.3.7 新型渗渠取水工艺的技术优势

（1）毛细透排水带"容许通过"的泥沙粒径较传统渗渠反滤层更小，且在集水廊道顶部完全封闭的情况下，进入廊道内小于毛细管粒径的泥沙通过率为 0，取水水质的优势十分明显。

（2）有效地解决了渗渠在枯水期取水水量骤然减少而无法正常供水的问题，新型渗渠取水工艺不仅靠含水层的渗透力和重力进行集水，主要依靠毛细管的毛细力集取水量，可以在枯水期依然保证一定的供水量。

（3）依据渗滤实验结论，反滤层对渗透排水带渗管集水能力的影响相对于滤净能力的影响较小。由此，在实际渗渠饮水工程建设中可以选用较细的滤料进行填充，对于渗渠长度小于 5m 的渗渠，粒径大小可按常规滤料粒径的 80% 设计，分别为 40～80mm、25～35mm、5～10mm，可以在提高渗渠滤净能力的同时，基本不影响取水量的大小。

（4）新型渗渠集水廊道产生泥沙淤积量较传统渗渠更小，不容易产生大粒径的砾石淤积，采取排砂管排砂的方式可以保证集水廊道的清洁和正常运行，反滤层更换时间长，运行维护工作简单。

5.3.8 新型渗渠取水工程的运行管理

（1）新型渗渠增加了传统渗渠的集水能力和滤净作用，在同等反滤层环境下毛细透排水带单位面积的取水量一般为普通 PVC 渗管的 0.8～0.85 倍，而滤净能力为相同反滤层环境下普通 PVC 渗管的 1.1～2.3 倍，因此增大毛细透排水带的面积和优化滤料设计，可应用于青海省农牧区饮水安全渗渠取水工程。

（2）新型渗渠可应用于季节性山溪、小河中集取河道潜流和地下水，只要毛细透排水带埋层存在水流，新型渗渠就可以利用毛细力和虹吸力集取河床潜流取水。

（3）根据毛细透排水带的工作环境温度，新型渗渠可在-20～20℃工作环境发挥正常的集水和滤净功能而不影响渗渠正常运行。

（4）根据毛细透排水带在公路和铁路护坡中应用的实践，毛细透排水带正常工作的寿命在15年以上。

（5）虽然新型渗渠大大减少了集水廊道内的泥沙含量，仍需要定期定时对集水廊道内的泥沙进行清理，保证供水水源水质和新型渗渠的正常运行。

（6）由于新型渗渠取水技术是采用了新材料代替了传统渗管的工艺结构，没有改变渗渠取水工程的取水方式和布置形式，对水源的要求和适用性与传统渗渠取水工程一致，因此不会对环境产生负面影响。

第6章 劣质水处理关键技术研究

三江源自然保护区涉及果洛藏族自治州的玛多县、玛沁县、甘德县、久治县、班玛县、达日县6县，玉树藏族自治州的称多县、杂多县、治多县、曲麻莱县、囊谦县、玉树市6县（市），海南藏族自治州的兴海县、同德县2县，黄南藏族自治州的泽库镇、河南县2县，以及格尔木市管辖的唐古拉山镇，共16个县、1个镇的69个行政村和24个移民安置小城镇。三江源地区由于地处偏远、交通不便、群众居住分散，人畜饮水安全问题一直以来未得到有效的解决。在玉树市、称多县、囊谦县、贵南县、泽库县、河南县等县还存在着饮用氟、砷含量超标等不安全饮水情况。据统计，保护区总人口22.31万人，引水困难人口为13.159万人，占保护区总人口的59%。其中有5.5773万人为急需解决饮水问题的小城镇生态移民。三江源地区自然条件引起的饮水水质不达标的问题主要分布在玉树市、称多县、囊谦县、贵南县、同仁县等县境内。本章内容为针对三江源地区造成水质不达标的高氟、高砷水源而研发一种饮水处理技术。

6.1 设计思路

根据项目区饮用水水源水质特征，考虑选用一种与此类水质匹配的、先进、快速、高效、经济、节能的水处理技术，技术思路如下：

（1）由于很多地方的水源氟、砷含量同时超标，无法满足居民安全饮用要求，所以处理工艺设计时必须满足实现氟、砷同步去除要求，体现出处理工艺的高效、经济等特点。

（2）在净化处理中，为了更好地降低设备投资运行成本，同时减少占地面积，考虑不给环境带来二次污染，选用结构简单、设备小型化、运行管理容易、费用低的处理工艺，同时保证出水能直接安全饮用。

6.2 材料与方法

6.2.1 原水水质及处理标准

三江源地区有些饮用水源氟含量达3.0mg/L、砷含量达0.050mg/L，要求经系统处理后出水水质应满足《生活饮用水卫生标准》（GB 5749－2006），具体数据见表6-1。

表 6-1 研究区地下水水质及处理要求

序号	项目及单位	处理前	处理后	国家生活饮用水卫生标准
1	氟/（mg/L）	>1.0	<1.0	<1.0
2	砷/（mg/L）	>0.05	<0.01	<0.01
3	浊度/NTU	<1	<1	1～3

6.2.2 高性能氟砷吸附材料研制

（1）As-Catch2 除砷吸附材料。本研究选用一种新型高性能砷吸附材料 As-Catch2，其分子式为 $(Fe_2O_3)_9(SO_4)_4(OH)_{16} \cdot 36(H_2O)$，是由单体、双体、多体形态组成的非晶质构造体。该材料是在亚铁离子共存下，用特殊加工手段富集小于 $0.7\mu m$ 氢氧化铁微粒子形成的非晶质不安定多孔结构，材料本身比表面积大，对砷元素有着很强的吸附去除能力，对人体无毒害。其主要化学成分及物理性质分别见表 6-2、表 6-3。

表 6-2 As-Catch2 的化学组成

成分	T-Fe	M-Fe	Fe^{2+}	Fe^{3+}	T-S	T-Cl	T-Na
含量/（g/kg）	506	<0.1	5.8	500	17.5	1.3	0.007

表 6-3 As-Catch2 的物理性质

名称	比例或性质	备注
总铁（T-Fe）（%）	50.6	二价铁 0.58%，三价铁 50.0%
总硫（T-S）（%）	1.75	硫酸根 5.26%，氧 3.51%
总氯（T-Cl）（%）	0.13	
OH 基（%）	44.0	根据分析结果计算值
重金属元素	未检出	
pH 值	5.0	
电导率（Ds/m）	0.18	
容重（g/cm³）	0.45	
粒度（μm）	100～300	
保存形态	水中保存	

As-Catch2 是用特殊方法制成非晶质氢氧化铁，颗粒大小在 0.1～0.3nm。由小颗粒合成粒径为 0.6～5.0mm 粒状吸附滤材，使 As-Catch2 具有很强的吸附能力。饱和透水速度为 0.41cm/sec，容量为 0.7～0.8g/cm³。相对其他材料吸附性能比较如图 6-1 所示。

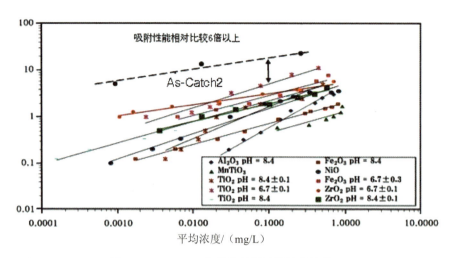

图 6-1 As-Catch2 与其他材料吸附性能比较

As-Catch2 材料砷离子和亚砷离子的吸附能力见表 6-4,砷(Ⅲ)的吸附量: 0.4mg/g、砷(Ⅴ)的吸附量: 2.5mg/g。特别值得注意的是:一般混凝絮凝沉淀法,仅可除去 5 价砷,而该吸附滤材对于 3 价砷具有高效率吸附能力。该吸附滤材同时可吸附砷离子和亚砷离子,故在地下水处理工艺中,不需要预处理的氧化处理工艺。吸附速度快,30 分钟接触过滤即可达到一定值。仅需接触过滤,便可除去水中的砷,故无需设计像混凝絮凝沉淀法那样的沉淀池。该材料可再生使用,即利用低浓度的无机酸处理。

表 6-4 As-Catch2 吸附滤塔除砷效果

原水中砷浓度/(mg/L)	0.5	2.0	2.0
空间流速/SV	0.1	0.2	0.2
处理后砷浓度/(mg/L)	0.003	0.007	0.005
0.01mg/L 处理水为止的天数	>140 天	63 天	>240 天

(2) F-Catch 除氟吸附材料。本研究选用的一种新型高性能氟吸附材料 F-Catch,由二氧化硅、氧化铝、氧化铁等主要成分组成。材料本身比表面积大,对氟元素有着很强的吸附去除能力,对人体无毒害。其主要化学组成见表 6-5。

表 6-5 F-Catch 除氟吸附材料化学组成

成分	SiO_2	Al_2O_3	Fe_2O_3	SO_3
含量/%	21.1	22.8	8.9	5.4

F-Catch 除氟吸附材料性能:仅需添加 0.03% F-Catch,氟的去除效果达到 8 mg/L 以下;可利用原工艺设备,不需新增设备投资;具有优异的絮凝性能,可形成牢固絮体,所产生的污泥含水率低下;可依据不同的处理要求,选择合适的加量。基于 F-Catch 的氟去除技术

与一般技术效果比较如图 6-2 所示。

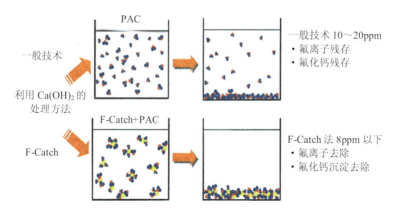

图 6-2　F-Catch 与其他吸附剂的去氟效果比较

F-Catch 除氟吸附材料特点：

1）该吸附滤材粒径为 0.6～5.0mm 粒状。饱和透水速度为 0.41cm/sec，容量为 0.7～0.8g/cm³。

2）砷离子和亚砷离子的吸附能力如下。

砷（Ⅲ）的吸附量：0.4mg/g、砷（Ⅴ）的吸附量：2.5mg/g。

特别值得注意的是，一般混凝絮凝沉淀法，仅可除去 5 价砷，而该吸附滤材对于 3 价砷具有高效率吸附能力。

3）该吸附滤材同时可吸附砷离子和亚砷离子，故在地下水处理工艺中，不需要预处理的氧化处理工艺。

4）吸附速度快，预计 30 分钟接触过滤的即可达到一定值。

5）仅需接触过滤，便可除去水中的砷，故无需像混凝絮凝沉淀法那样的沉淀池。

6）吸附滤塔试验结果见表 6-6。

表 6-6　吸附试验结果

原水中砷浓度/（mg/L）	AsⅢ0.5	AsⅢ2.0	AsⅤ2.0
空间流速/SV	0.1	0.2	0.2
处理后砷浓度/（mg/L）	0.003	0.007	0.005
0.01mg/L 处理水为止的天数/天	>140	63	>240

7）可再生使用。即利用低浓度的无机酸处理。

（3）F-Catch 净化用吸附滤材特征。

1）该吸附滤材粒径为 0.6～5.0mm 粒状。饱和透水速度为 0.41cm/sec，容量为 0.7～0.8g/cm³。

2）氯化物离子（以氯离子为准）的吸附量为 20mg/g。

3）随着过滤吸附时间变化而异，短时间内可完全被吸附，除去水中的氟离子。

4）仅需接触过滤，便可除去水中的砷，故无需像混凝絮凝沉淀法那样的沉淀池。

5）可再生使用，即利用低浓度的无机酸处理。

6.3　工艺简述

把含砷原水注入 JCD-砷（氟）吸附系统，吸附系统中的功能材料 As-Catch2 吸附材料与进水中的砷进行物化反应。保证经 As-Catch2 层处理后的出水砷含量≤10ppb，达到饮用水标准。该工艺巧妙设计了在 JCD-砷吸附系统中的 As-Catch2 层下部布置 30cm 高度的多孔质活性炭滤层，利用活性炭具有的高效吸附作用，吸附水中的微污染物质，如异味、胶体及色素、重金属离子等成分进行去除，最终出水进入集水箱中，通过泵打入居民生活用水管道，进入用户家中得以安全使用。

JCD-砷吸附系统中吸附材料不仅具有化学吸附作用，同时具有较强的物理过滤作用（此时的吸附材料也可叫滤材）。系统的长期运行，吸附材料之间的空隙会被过滤截留的微小有机物、黏土粒子等物质堵塞，影响处理水的过滤速率和效果，所以必须及时定期对系统采取反清洗，保证系统高效、稳定地运行。反洗采用气水联合洗方式，通过气洗，可以松动滤层，同时增加滤料之间的相互摩擦，便于将滤料表面和空隙间的截留物脱落。再通过水洗。反洗水来源于现场处理水，通过泵、阀门、流量计控制一定流量，进行反洗，反洗水直接排出进入地下水。工艺流程如图 6-3 所示。

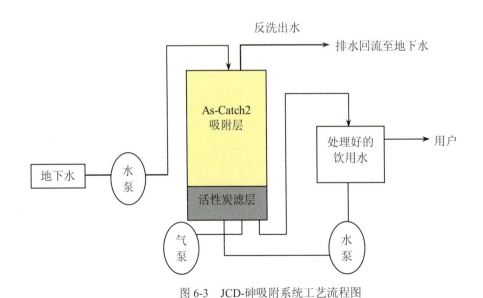

图 6-3　JCD-砷吸附系统工艺流程图

工艺特点：F-Catch、As-Catch2 粒状滤材能同时实现砷、氟、磷等指标的去除；处理速率最高可达到 SV10、处理时间短、设施小、投资成本低；不需要前处理，可以直接进行吸附处理；pH 值范围为 3～9，处理前后不需要调整 pH 值；F-Catch、As-Catch2 粒状滤材吸附能力强，持续时间长，不需要频繁更换；系统不发生污泥，节省了污泥处理费用，同时系统反洗水量少。

6.4　现场实验示范

项目示范区位于东经 36°02'55"，北纬 101°23'51"，贵德县河西镇贺尔加村，全村人口 182 人，各类牲畜 1800 头（只）。人畜饮水为该村供水站的井水，井深 30m，单井出水量 90m³/h。该村由于地下水中砷超标被青海省卫生部门确定为地方病监控区。按早晨 8:00、中午 12:00、晚上 8:00 三次取样，共取水样六份，进行了化验，结果为：氟（F⁻）为 1.3mg/L；砷（As）为 1.00mg/L。在考虑水中氟砷含量、人口数量、饮水定额等因素，设计了每小时处理能力 0.5m³ 的水处理装置，建井房一座，铺设 600m 管道将处理后的饮用水输送到全村 48 户农牧民家中。2011 年 5 月 3 日安装完成水处理装置并正常运行两个月，并从当天开始每半个月取一次处理后的水样进行检验。设备安装效果图如图 6-4 所示。

图 6-4　设备安装现场

6.5　结果分析

6.5.1　氟砷处理效果分析

本次研究主要是针对三江源地区砷大于 0.05mg/L、氟在 3～0.9mg/L 范围以内的劣质水处理技术的开发,该设备工艺简单便于操作掌握,从贵德县项目区运行两个月的水质处理前后的结果表明:砷去除率达到100%,氟去除率达到85%以上,经处理后的水质满足国家卫生饮用水卫生标准,详见表6-7。

表6-7 高砷、高氟水质处理前后的结果 单位:mg/L

	采样日期	氟化物(F⁻)	砷(As)	备注
处理前	2011.5.1	1.3	1.00	不满足国家饮用水标准
处理后	2011.5.3	0.15	未检出	满足国家饮用水标准
	2011.5.18	0.14	未检出	
	2011.6.2	0.16	未检出	
	2011.6.17	0.36	未检出	

6.5.2 吸附滤材综合效果比较

本次试验选用的 F-Catch、As-Catch2 滤材,经与目前国内外常用滤材进行性能及成本比较,从结果来看 F-Catch、As-Catch2 滤材的性能和造价均优于其他滤材。分析结果见表 6-8。

表6-8 吸附剂效果比较

吸附剂种类		As-Catch2	铈系	铁系	铝系	二氧化锰	锆系
砷的吸附能力 g/L-As	1.0mg/L	35	6.00	2.00	1.50	1.50	4.5
	0.05mg/L	19.25	2.00	1.00	0.75	0.75	0.30
处理水砷浓度	<mg/L	0.001	0.001	0.001	0.001	0.001	0.01
原水 pH 值范围		3~9	5.8~8.6	5~6	4~6	4~7	7~9
亚砷酸氧化		不需要	不需要	次氯酸钠	次氯酸钠	次氯酸钠	不需要
添加絮凝剂		不需要	不需要	不需要	需要	需要	需要
处理水 pH 值调整		不需要	不需要	H_2SO_4	盐酸	盐酸	
废吸附剂再生		没有	可以	可以	没有	没有	没有
处理速度(SV)	m³/h·m³	10.0	10.0	5	5	5	-
处理水砷浓度 0.01mg/L 时,水:吸附剂的比值	0.1mg/L	180000					
	0.03 mg/L		60.0				
	0.12mg/L				20.0	15.0	
吸附剂单价	元/L	339.3	323.0		101	101	484.7
维修费用	元/m³	2.0	5.25~10.5[2]		5.65+α[3]	2.83+α[3]	
废物处置费用		低	低	中	高	高	高
综合评价		◎	○	○	○	△	△

6.6 结论

（1）本研究项目主要是针对农牧区劣质饮用水中砷、氟的处理开展的技术研究，提出了工艺简单，操作简便，处理效率高、造价较低廉的处理系统。

（2）该设备的处理能力达到 $0.5m^3/h$，按照国家农村用水标准每人每天 40 升水，可解决 200 人的安全饮用水，适合于农村人畜安全饮水的需求。

（3）该设备采用超细高活性的氢氧化铁吸附剂 As-Catch2 对氟、砷酸、亚砷酸具有很高的吸附能力，吸附能力是目前国内外砷、氟吸附剂的 6 倍以上，能吸附大量 0.01ppm 以下低浓度的氟离子和砷酸、亚砷酸。

（4）通过研究摸清了三江源地区人畜饮水中高砷、高氟水的分布情况，为三江源地区和国内类似高砷、高氟水地区的治理提供了支撑。

（5）设备具有灵活的可变性，该设备可根据当地水质情况对处理工艺进行变更，这就为不同化学性质的劣质饮用水的处理提供了可能，从而降低设备成本。

（6）根据设备投资及运行所需费用，测算了处理每吨水的价格，由计算数据显示每吨水水费为 13.11 元，如果扣除设备成本，只计算更换填料费用，计算得每吨水水费为 2.09 元，农民基本上可以接受。

第7章 高寒干旱农牧区供水工程自动化监控与信息化监管技术研究应用

对农村千吨万人规模以上供水工程以及千人以上供水工程水质、水量和主要供水设施设备运行状态进行在线监控，及时掌握供水关键指标，及时采取处理措施，是实现农村供水工程精细化运行和安全保障的需要。利用大数据、物联网、云平台技术提高农村供水自动化、信息化水平，是实现农村智慧供水和精细化行业监管的有效技术手段，也是农村供水工程可持续发展的必然方向。

目前许多地区开展了将农村水厂自动监控与信息化管理技术应用于实际工作中，但由于缺乏标准依据和系统研究，导致监控指标设计不合理、建成的系统监管数据无法为供水工程运行与管理很好地服务。从青海省来看，农村供水工程自动化监控及信息化管理技术应用刚起步，迫切需要根据供水类型、工程特点、经济条件和管理水平，研究适宜的农村供水工程监控模式与监控指标；国内现有的软件技术水平参差不齐、接口标准不一、传感器性能差，导致建设成本高、通用性不够、维护难度大、使用寿命短等问题，亟须开发适合不同层级管理和需求的自动化和信息化系统，为行业监管提供有效技术手段。

7.1 国内外研究现状与问题分析

7.1.1 国外研究与应用现状

国外发达国家通常已经实现城乡一体化供水，供水智能监控与信息化管理体系已相对成熟，且监控系统已经开始融合云平台、无线通信、人工智能、模糊控制、神经网络、物联网等新技术。20 世纪 80 年代末，发达国家供水企业的生产已基本实现了自动化，系统可靠性和可用性达到一个较高水平。如荷兰 60%自来水公司实现无人值守，40%的自来水公司达到关键工艺自动化；比利时配水调度中心实现无人值守；美国、英国、荷兰的一些小型水厂都能做到夜间无人值守。20 世纪 90 年代以来，国外自来水企业开始进行系统的互联和集成（如将 SCADA 与 GIS、管网模型、水泵优化调度系统集成），实现数据共享，控制目标从对生产设施的监控和维护转向对水处理和配送过程的模拟与优化，为企业带来了更大的效益。如瑞士日内瓦水务系统对全城 65 个远程厂、站实施优化控制。近年来，在控制策略和安全预警方面，国外引入模糊逻辑、前馈控制、人工智能等分析方法，在管网水量预测、漏损监控、优化生产工艺、水质安全预警方面成效突出。

7.1.2 我国农村自动化监控技术现状与问题

我国农村供水自动化监控技术随着农村饮水安全工程的建设而逐步应用，有一半以上的千吨万人供水工程都有不同程度的自动化或半自动化监控系统，全国约有 6 个省份建立了省级农村供水工程或农村饮水安全精准扶贫信息管理系统，2010 年中央级农村饮水安全信息管理系统投入使用，2016 年开始改版，目前作为农村水利信息系统的子模块正在投入使用。农村供水自动化监控技术应用日趋广泛、需求迫切。

农村供水自动化监控系统和区域级信息化管理系统，由于起步较晚，缺乏相关技术标准作为建设和管理依据等因素，总体而言自动化水平不高，普遍存在着系统功能不强、兼容性不好、信息利用率低等问题。具体包括以下三方面：

设计方面：部分工程系统监测指标设置不够合理或监测位置、监测方案不适宜，容易出现关键监测指标缺项或不全的现象，导致监测指标不能全面反映供水管理需求。

软件方面：由于现有农村水厂管理人员自控技术基础薄弱，难以提出有针对性的软件需求，加上软件开发人员不了解供水工艺以及工程管理需求，造成二者脱节；导致有些开发定制的软件功能和适用性不强。如自控界面与实际供水工艺不相符；供水发生爆管、水质突变时不能及时作出报警提示；软件系统基本不升级更新，难以反映更新改造后的情况。

数据共享方面：缺少区域级信息化监管系统的顶层设计和统一规划，不同水厂之间与上位系统的信息利用率和共享度低，形成一个个"信息孤岛"，为今后区域级监管系统的建设、大数据分析实施增加了难度。

综上，农村供水自动化监控技术的应用，应在加强区域级顶层设计的基础上，综合考虑供水工艺、管理需求和经济条件，合理确定需求，开发定制适用性强的系统，并加强后期技术培训和维护，发挥实效。

7.1.3 高寒干旱农牧区自动化监控技术应用现状与需求（以青海省为例）

据统计，青海省已建成千吨万人以上供水工程 76 处；200～10000 人的集中供水工程 1692 处，此外还有众多的小型集中和分散式供水工程，共解决了 245 万人的饮水安全问题。目前青海省农牧区供水自动化监控和信息化管理水平较低、工作尚未开展，属于基本空白阶段，仅有 10 处左右的千吨万人工程建立了水厂自动化监控系统或实现半自动化，且多集中在民和县，这些自动化监控系统能监测供水水量，控制反冲洗、配水水泵启停，其中城乡一体化供水工程还实现了对净水工艺水质浊度、pH 值、消毒剂余量等关键指标的监测。但已有的自动化监控系统都是各自为站，不能实现数据共享和分析。同时，青海省还没有县级农牧区供水信息监管系统，将已经实施自动化监控系统的供水工程监测数据进行在线采集，对水厂运行进行监管，对监测数据进行统计分析和安全预警。

青海省农村供水自动化监控技术应用基本属于空白，现有建设的 10 处自动化监控系统因为青海省地理、环境等因素，存在以下主要问题：

一是缺乏管网监控预警系统，青海省地广人稀、农牧区供水工程点多量大面广，分散程度高、管理人员少、管理难度大，急需对管网压力进行监控，及时发现管网漏损现象，但由于环境恶劣对设备性能要求高、对管网维护重视程度不够、安装困难等原因，缺乏输配水管网监控预警系统。

二是缺乏精细化的信息管理系统，农牧区供水现状、供水工程随时更新，但管理人员更换频繁，许多地方对当地的供水现状不掌握，已有的中央级农村饮水安全项目管理信息系统因监管需求级别不同，统计上报农牧区供水信息，不能充分体现青海省农牧区供水特点：牧区信息不掌握、牲畜用水现状不清、水源变化不清、供水水质不掌握等，很难满足新时期农牧区供水精细化管理需求。

三是存在供水管网自动监测供电问题：管网分布面积广，距离跨度大，供电问题一直困扰自动化监测系统的实现。农村配水管网，特别是主干管，很大一部分都处在无人居住区，要使用电网的供电，非常困难。同时，就算在管网支干管或末梢，可以利用周边家庭用户的供电，但需要当地的水厂管理人员进行协调，使得管网监测在实施过程中，困难重重。

7.2　农牧区供水工程自动化监管模式的提出

7.2.1　国内农村供水自动化监控建设类型

我国城市自来水厂的自动化工作起步较晚，但发展很快。从 20 世纪 60 年代简单的水位自动控制发展到 70 年代采用热工仪表和集中巡检装置，到 80 年代以后随着国家工业水平的整体提高，水厂进入了大规模的发展年代，大量国外先进的自动化控制技术与设备进入我国，我国水厂自动化进程大大加快，自动化水平也快速提高。目前农村水厂常用的自动化监控系统结构包括：

（1）DCS（Distributed Control System）监控系统。由多台计算机和现场终端连接组成，通过网络将现场控制站、检测站和操作员站等联接起来，共同完成分散控制和集中操作管理的综合监控系统。DCS 侧重于连续性生产过程控制，采用分级分布式控制，实时性好，系统软硬件资源丰富，具有较好的扩展能力。但 DCS 系统造价较高，软件开发比较困难，各种系统自成体系，适用于规模大分站多需要协调操作的水厂。

（2）IPC（Industrial Personal Computer）工业个人计算机+PLC（Programmable Logic Controller）可编程逻辑控制器系统。中控室设置 IPC 组成的操作监控站，通过网络联接 PLC 组成的多个分控站，其性能与 DCS 系统接近：可实现分级分布式控制，可靠性高、组网方便，与工业现场信号直接连接，易于实现机电一体化。但价格却比 DCS 低很多，软件开发方便，应用灵活。目前，IPC+PLC 的系统在我国水处理行业中是应用最广泛的一种。

（3）现地控制单元。现地控制单元是一种现地监控设备，位于水厂自动化监控系统、主控制柜与现场在线监测传感器之间，通常配置有数字量和模拟量的输入/输出模块，能通过有线网络、无线电台、专用线或调制解调器等通信模块与水厂自动化监控系统或主控制柜进行通信，传输采集的水质、水位、流量、水压、设备运行状态等指标，接受控制指令。目前，水源取水泵站、加压泵站或小规模水厂常采用此种系统结构。

近年来，随着投资力度的加大，通信网络的迅速发展，部分省、市、县开始着手建设集信息化管理、自动化监测、办公自动化等功能融合为一体的区域级信息监管系统。该系统在已有的 DCS 监控系统、IPC 工业个人计算机+PLC 可编程逻辑控制器系统基础上，通过互联网、物联网等先进技术，将农村供水工程自动化监控系统的在线监测数据采集到区域进行统一监管。

7.2.2　自动化监管模式形成

综合考虑供水规模、覆盖范围、运行管理、行业监管需求、自控类型等，可提出三种农牧区供水工程自动化监管模式：县域范围农牧区供水管理宜建立县域信息管理系统；千吨万人以上集中式供水工程应建立水厂自动化监控系统；小型集中式供水工程宜采用现地控制单元。

县域供水信息管理系统包括信息管理、地图管理、自动监测等，设置监管中心。

信息管理：供水规模、工程概况、运行管理。

地图管理：工程分布、管网路由、水源位置。

自动监测：供水水量、供水水压、供水水质及管网运行状态。

水厂自动化监控系统应包括水厂运行关键指标的自动监测、关键设备和生产工艺的联动控制、水厂视频安防监控、应急事件预警，应设置水厂中控室。监控指标信息包括：水位、流量、压力供水关键指标；浊度、消毒剂余量、pH 值等水质安全指标；供水压力、异常状态管网状况指标；根据经济条件，酌情选取反冲洗、排泥、水泵、阀门等联动启停控制指标。

现地控制单元主要完成生产现场的数据采集、处理和控制等任务，实现与区域级信息管理系统的通信。监控指标包括：供水量、压力及水泵等设备运行状态，水泵联动启停控制。

经过多点调研和咨询意见，形成了供水工程在线监测指标和控制指标，详见表 7-1 和表 7-2。

表 7-1　供水工程在线监测项目

供水环节	在线监测项目		推荐选项
水源工程	水位		√
	流量、水量		√
	水泵机组（电流、电压、电量、功率）		√
	水泵机组状态（启/停/故障）		√
	水泵机组状态（手动/自动）		√
水厂	水位	调节构筑物或设备	√
		滤池水位（水位差）	√
	出厂水流量、水量、水压		√
	水质	出厂水浑浊度（地下水不监测此项）	√
		出厂水消毒剂余量	√
	水泵机组（电流、电压、电量、功率）		√
	状态	反冲洗阀（启/停/故障）	⊙
		反冲洗水泵（启/停/故障）	⊙
		反冲洗水泵（手动/自动）	⊙
		加药设备（启/停/故障）	⊙
		净水设备（启/停/故障）	⊙
		消毒设备（启/停/故障）	⊙
		配水水泵机组（启/停/故障）	⊙
		配水水泵机组（手动/自动）	⊙
输配水管网	水位	高位水池	√
	流量、水量	加压站	⊙
	水压	加压站	⊙
		最不利点	⊙
	运行状态	加压水泵机组（启/停/故障）	√
		加压水泵机组（手动/自动）	√

注：1. "⊙"表示可根据经济状况酌情确定是否监测；"√"表示宜选择。

　　2. 输配水管网水量监测，可根据实际需要和经济状况，每 5～10km 设置一个监测点。

　　3. 水源井与水厂的设备状况监测，可根据实际情况进行合并。

表 7-2　供水工程在线控制项目

供水环节	控制项目	推荐选项
水源工程	水泵机组（启/停）	√
水厂	混凝剂投加设备（启/停）	⊙
	排泥设备	⊙
	反冲洗设备	⊙
	消毒设备（启/停/变量投加）	⊙
	恒压/稳压供水设备（启/停）	√
	配水水泵机组（启/停）	√
输配水管网	加压水泵机组（启/停）	√

注："⊙"表示可根据经济状况酌情确定是否监测；"√"表示宜选择。

7.3　水厂自动化监控系统的研发

通过资料收集、现场调研等方法，总结分析自动化监控系统现状、存在问题和经验做法，在已有研究成果的基础上秉承"继承、改进、规范、提升"的思路，提出系统改进研发实施方案，技术路线如图 7-1 所示。依据方案组织人员进行系统研发。结合试点示范工程实际情况，将改进后的系统应用于具体工程，跟踪观测试运行情况，提出反馈意见对系统进行改进直至用户最终满意。

7.3.1　系统功能确定

针对农村供水工程特点和基层管理人员的需求开发，在自控设备与组态软件的支持下，具有下述功能：

（1）监控中心：对水厂的水源、水厂位置、输配水干管进行查看，地图界面在线监测水量、水质、水压等核心数据，发生水质或水压超限事件时能及时报警，提醒用户快速处置。

（2）水厂监控：通过传感器和控制器远程监测关键供水参数和设备运行状态，能远程控制水泵机组的启停，必要时，可控制阀门的启闭及开度，并根据清水池水位实现联动控制。

（3）监控指标：保存监测的历史数据，并可对历史数据进行分析、处理、统计和存储，具有趋势图、日志管理、历史数据查询等功能。

（4）供水信息：对水厂的基本概况、运行管理、水质检测等信息进行导入、导出、修改等。

（5）事件报警：根据设定的供水压力、供水水质变化情况，对供水管网爆管事故进行预警；针对水质变化情况进行水质安全预警。

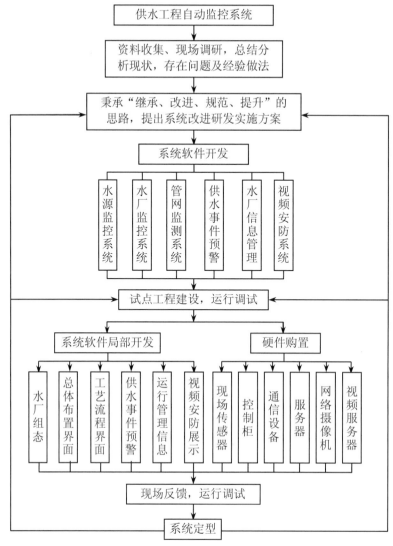

图 7-1 水厂自动化监控系统的研发技术路线图

7.3.2 系统实现

（1）对于传感器到控制器的通信，主要实现方法是基于西门子 PLC 控制器的定制编程。通过专门的 PLC 编程软件的支持，定义相关数据获取和控制逻辑。

（2）监控中心的实现关键是中控软件，此软件系统主要基于以太网方式，通过标准的工业 OPC 接口，从西门子扩展以太网模块中读取汇总数据或下达控制指令。

中控软件系统主要以 Java 技术为基础，通过专用的 OPC 接口获得数据，由于 Java 语言运行在虚拟机内部，不能直接访问底层 OPC 接口，所以使用了 Java 中的 JNI 技术。并通过面向对象方式实现水厂自动化监控组态软件。本组态软件实现方式是后台 Java 及 Web 容器的支持，配合前端浏览器 HTML、JS 等相关技术，充分利用了当前浏览器的最新发展技术。

软件系统允许通过 Web 在线方式进行组态的界面编辑和发布,还可以从管理的角度出发,使得信息化和自动化系统形成一种天然的融合关系。不仅能够满足水厂中控的日常集中监控管理需求,也为高层监控提供了一个基础。系统不仅可以运行在传统自动化监控需要的 Windows 环境,还可以运行在成本更低的 Linux 环境中。

为了能够使水厂自动化监控系统能够支持向高层的数据中心汇总,系统内部整合了专门的通信中间件。同时,为了能够尽可能多地支持水厂相关传感器控制器接口,在系统内部专门定义了底层硬件适配层,用以支持不同接入设备的协议实现。如支持远端测控点的反向 GPRS 接入、支持特殊格式和指令要求的协议等。

7.3.3 开发工具与语言

(1)水厂的 PLC 编程,使用西门子的专门定制和调试软件 Step 7。

(2)水厂级中控软件系统和区域软件系统,主要基于 Java 技术实现,开发工具使用 Eclipse 3.6.1 版本,Java 开发环境 JDK1.6。

(3)内部数据库使用 MySQL。

(4)Web 方式的人机交互方面界面主要采用 JSP、HTML、JS 和 CSS 相关语言实现。水厂中控室使用了专门定制的组态客户端,采用微软公司的 Visual Studio.Net 开发工具 C# 语言开发。

(5)智能移动终端基于谷歌公司的 Android 平台开发,主要基于 Java 和 Android SDK 实现,开发工具采用 Eclipse 并使用 Android 开发插件。

7.4 农牧区县级供水监管系统

首先,掌握不同类型农村供水信息管理系统现状及功能,深入典型县水利部门及供水工程进行调研,了解实际情况与技术需求;然后,制订系统开发方案,与软件公司进行合作开发及硬件设备购置;最后,进行组装调试,选择典型县进行示范应用和系统定型。农牧区县级供水监管系统技术路线如图 7-2 所示。

7.4.1 系统功能和实施方案

农牧区县级供水监管系统具有四大功能,主要包括清单管理,办公管理,查询统计,项目管理,工程运行管理,数据填报,自动监测。

清单管理功能:系统提供集中供水工程、分散供水工程、县级水质检测中心建设运行情况等数据的清单列表。

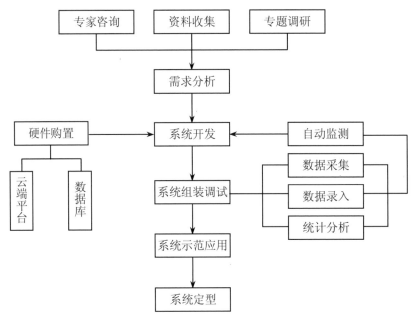

图 7-2 技术路线图

办公管理：包括技术资料、通知公告的草拟与发布，集中管理单位维护、农村专管机构维护、县级检测中心人员维护和本县行政区划维护。

查询统计：系统具备历史数据库，拟采用统计分析、关联规则、聚集检测、决策树等多种数据挖掘技术对采集到的数据进行分析处理，提供智能查询、图表生成、报表打印、批量导出等功能。查询汇总功能详细说明见表 7-3，查询统计界面和工程运行管理界面如图 7-3、图 7-4 所示。

表 7-3 系统查询汇总功能详细列表

分类	功能编号	功能内容	权限	描述	备注
1	组合条件查询				
	1.1	组合条件查询	无	所有条件组合，查询结果为供水工程对应自然村数据	
2	按照行政区域统计				
	2.1	按照行政区域统计	无	按照行政索引进行统计，结果显示见输出表格	索引到县
3	按照集中供水工程统计				
	3.1	按照集中供水工程统计	无	按照行政索引进行统计，结果显示见输出表格	索引到县
4	按照分散供水工程统计				
	4.1	按照行政区域统计	无	按照行政索引进行统计，结果显示见输出表格	索引到县

图 7-3 查询统计界面

项目管理：对当年建设的项目进行信息管理。

工程运行管理：主要是对工程巡检列表维护和集中管理单位维护、农村专管机构维护、县级检测中心人员维护。

图 7-4 工程运行管理界面

数据填报：Excel 表导入和 Web 分布录入两种方式。系统建设期通过 Excel 导入的基础数据填报内容见表 7-4。

表 7-4　系统建设期通过 Excel 导入的基础数据表

序号	类别	数据表名称	内容描述
1	工程信息	集中供水工程信息表	集中供水工程基本信息，投资，取水点，水质检测，供水能力等信息
2		分散供水工程信息表	分散供水工程信息,供水自然村及供水各类人口信息
3	水质检测中心	水质检测中心建设情况	水质检测中心运行状态表
4	涉及单位、工作人员	集中供水工程管理单位表	集中供水工程管理单位信息
5		集中供水工程管理人员信息	集中供水工程管理单位人员信息
6		县供水人员信息表	县供水工作人员信息
7		农村供水专管机构信息表	水管机构信息
8		水质检测中心单位表	水质检测中心信息
9		水质检测中心人员信息表	水质检测中心人员信息

Web 分布录入：系统建设初期通过系统可以将集中供水工程信息通过 Web 分布录入数据表。

地图管理：信息管理系统提供地理信息服务，对主要水源分布、供水工程分布、供水覆盖范围等信息进行分图层的地图管理。

地理信息系统涵盖水源位置，水厂位置，集中供水工程覆盖区域等空间数据。这些空间数据获取方式有三种，用户可以通过任意一种进行数据采集：

（1）手持 GPS 定位仪。将定位仪显示的地理坐标录入信息系统。

（2）手机 App 定位。通过手机 App，完成定位工作。

（3）系统地图拾取。在系统界面中，通过鼠标操作标注位置及覆盖区域。

地理信息系统数据维护作为信息系统功能的一部分，在信息系统数据维护中一体化呈现。

自动监测：信息系统现阶段实现对民和县已建成的自动化监控系统规模化水厂的关键监测数据的对接，根据已建成水厂自动化监控系统的实际情况，监测水厂生产的实时数据。该功能主要内容包括对接民和县已建自动化监控系统水厂的在线监测数据。

7.4.2　系统实现

（1）与水厂间的通信逻辑实现。为了确保本系统与水厂系统间进行数据连接时数据和通信安全，本系统采用了密钥验证，两次握手的机制。一是县级系统和水厂系统各自保存好双方的 IP；二是县级系统向水厂系统发起访问请求；三是水厂系统验证县级系统的 IP 合法性，生成密钥并返回；四是县级系统保存好密钥，并再次根据密钥请求访问；五是水厂系统验证 IP 与密钥的合法性，返回数据；六是县级系统获取数据并展示。详细握手机制如图 7-5 所示。

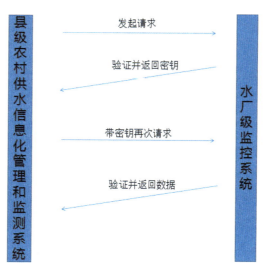

图 7-5　详细握手机制

（2）导入规范模板架构实现。由于县级模板和全国模板表数不同，且表格的列不同，列的数据类型不同，因此，在导入架构的设计上，充分利用了面向对象的开发方法，使用接口和抽象类，每一张表建立一个解析类，使得开发难度分解到具体的 Excel 数据表对应的导入类上，如图 7-6 所示。

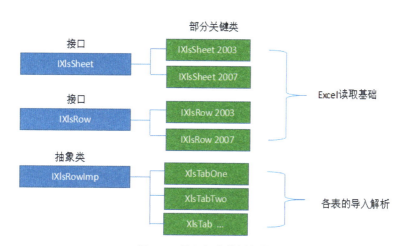

图 7-6　导入规范模板架构

（3）导出 Excel 模板架构实现。数据导出架构与导入类似，也有数据表不同、数据列不同、数值类型不同等特点，因此，导出的架构实现与导入的做法相同，即根据具体的 Excel 表，为每一张表建立对应的导出类。然后，在各自的导出类中解析数据列、列的数值类型等。

7.4.3　系统特点

本项目研发的基于云端的县级农牧区供水信息管理系统，具有以下特点：

（1）统一了农村供水数据库结构，实现了供水行业信息、工程概况、运行管理、水质检测等信息的统计、查询和供水工程分布图等功能，对采集数据进行图表统计分析，利用数据挖掘技术为农牧区供水提供决策支持。

（2）实现组态技术与地图引擎技术的融合，显著提高可视化程度，突破传输技术瓶颈，降低系统投资。Web 组态软件能定制县级系统的水厂监控组态，能远程实时模拟水厂监管现场，汇总、存储、展示实时数据，支持 Web 浏览器访问和在线可视化组态编辑，支持远程异地更新维护且扩充成本较低。在农村供水自控方面宜采用 Web 组态软件设计，为今后对接扩展更大范围的农村饮水安全自动化监控系统提供可能。地图引擎技术，实现县级地图的绘图、编辑、图层管理功能，如绘制供水管网、供水设施、覆盖范围等；能分图层直观展示农村供水工程的地理分布、供水范围、管网路由、运行状态等。在供水信息化管理系统中，宜采用地图引擎技术（即达到了 GIS 软件的部分或全部功能），也可节省价格不菲的软件购置费。

（3）利用云平台等新技术实现资源共享。在系统顶层设计时，应用先进的技术理念，实现既先进又实用的系统开发目标，建立覆盖全县的农牧区供水、基于 B/S 结构模式、采用云平台、数据挖掘技术等的饮水安全信息管理系统。

7.5 一体化供水测控箱的研发

通过资料收集、现场调研等方法，总结分析自动化监控系统设备现状、存在的问题和地方需求，重点考虑自动监测供电问题、通信网络、防护等级等方面，提出设备研发方案，依据方案组织人员进行设备开发，一体化供水测控箱的研发技术路线如图 7-7 所示。

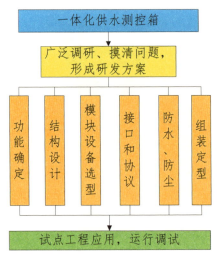

图 7-7 技术路线图

7.5.1 设备研发方案

设计原则：本装置主要运用环境大多处于野外，高可靠性、低功耗、多种通信模式可选或互为备份。

运行环境：考虑供水工程的管网以及二次泵站的位置情况，装置的运行环境十分恶劣。需要考虑高寒、防水、防盗等情况。

总体结构：设计采用野外一体化外箱安装方式，测控装置、通信模块、蓄电池、太阳能电源控制系统、避雷器等集成在一体化户外设备箱内。

测控装置设计：测控装置设计上可以分为以下几个功能子模块，即最小系统、实时时钟 RTC 模块、开入开出模块、模拟量信号输入模块、串行通信模块、无线 GPRS 通信模块、调试模块及看门狗模块。功能结构如图 7-8 所示。

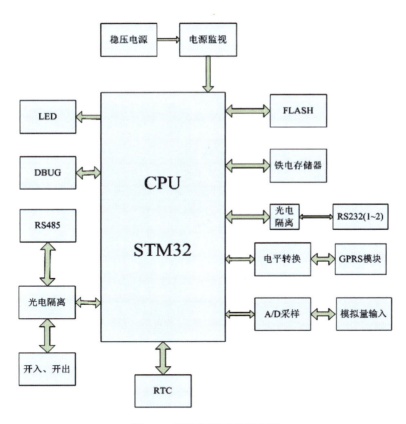

图 7-8　测控装置功能结构图

太阳能及电池供电：现场监测节点使用太阳能配合电池供电。其中，电池使用低温性能较好的三元锂电池，能够满足天气寒冷的恶劣工作环境。为了充分利用太阳能，节点使用了最大功率点跟踪（MPPT）技术，使得设备能够以最高效率对电池进行充电。在设备内部能够对电池电压进行监控，并通过通信传输汇总到监控系统。

低功耗及平衡工作方式：现场监测节点因为使用电池供电，在不工作时处于休眠状态，除了必要的监听，整个设备功耗在μA级别。当周边节点有通信需要时（如中心节点请求指令、周边节点数据传递请求等），会被自动激活，设备进入正常工作状态。在正常工作状态中，设备能够根据指令要求，自动启动一些本地传感器设备的供电。如果启动12V升压电路，为4～20mA压力传感器进行供电，并检测压力传感器的电流信号；获得数据之后，通过发射接口，进行数据的发送。完成之后，设备关闭周边相关设备的供电，并进入休眠低功耗状态。

7.5.2 设备定型

一体化测控箱设备定型如图7-9所示，设备集成线监测传感器、通信模块、蓄电池、太阳能电源控制系统、避雷器等于一体，采用低功耗及平衡工作方式，满足设备监测供电、数据传输需要。一体化测控箱可用于农村供水管网压力监控点等流量、压力指标的监测和水泵启停联动控制，指标可根据现场情况灵活调整，预留了设备接口，可接入流量、水压、水位、照相机等各种智能仪表和变送器。

图7-9 一体化测控箱

一体化测控箱具有以下特点：

（1）体积小。考虑到各种条件的现场环境、现场实施方便、后续故障维护方便等条件，标准柜体积越小越好。这样对现场环境要求小、实施简单快速、故障维护更换便利。

（2）兼容性高。通信方式可同时接入GPRS、北斗卫星、超短波等多种通信设备，并实现主备通信模式，以GPRS为主通信信道，GPRS不通时自动转为GSM短信信道；具备GPRS一站多发能力；通信端口数量：三路RS232、一路RS485；支持接入串行接口摄像机进行现场图片采集，并进行图片传输；模拟量接口四路。

（3）稳定性强。所有外部信息接口均具有光电隔离设备，防雷设计：通信接口防雷保护≥3 级，电源及其他接口防雷保护≥2 级；工作温度：-25～+55℃工作状态，≤95% RH（无凝结）；平均无故障时间 MTBF：≥50000 小时；GPRS/CDMA 载波检测功能，能够及时检测 DTU 上下线，缩短数据发送时间，降低功耗；固态存储：16MB，可存储 2 年以上的流量、压力等数据。

目前开发制造的 6 套一体化供水测控箱已经应用于民和县松树水厂的管网压力监控点处，现场架设效果如图 7-10 所示。

图 7-10　民和县松树水厂管网监控一体化测控箱现场

第 8 章 　 高寒干旱牧区牧场供水关键技术研究与应用

8.1 　 牧场供水技术发展现状

发达国家十分重视草地开发和利用，积极发展草地畜牧业，把草地资源看作"绿色黄金""立国之本"。在欧洲、北美洲的一些国家及澳大利亚，畜牧业产值的一半都来自草地畜牧业。而草地畜牧业的发展中牧场供水是其主要的依赖因素，如美国和澳大利亚牧场主要集中在理论基础研究和应用基础研究方面，采用理论基础—应用基础—高端产品研究模式，其成果不仅能解决生产中的实际问题，还能带动牧区水利和相关学科的整体技术进步。在国外对供水标准和供水工程的研究是通过不同类型的牧场供水全过程进行的，制订了完整的工程供水标准，多集中在管道布置、布局优化和饮水器的自动化等方面，在手段上多采用仿真设计和实验相结合的方法。

8.1.1 　 国外发展状况

加拿大气候干燥少雨，草原面积大，日照时间长，是国际著名的肉牛带。饲养着著名的安格斯牛、夏洛来牛、利木赞牛、德国黄牛等肉牛品种，全国饲养量约 70 万头。PFRA 社区牧场是加拿大牧场管理体系中的一个重要组成部分，牛的饲养方式以生态放牧为主，草原内风力取水、人工开挖池坝等供水系统较好，肉牛生产成本低，纯天然的肉牛产品具有很强的国际竞争优势。

澳大利亚的气候比较干燥，近 70%的土地是旱地，草原平坦辽阔，适于大面积发展畜牧业。牧场分布广、规模大、地广人稀，机械化程度较高。地处中低纬度区，受海洋气候影响。澳大利亚是发达国家，其工业的现代化造就了现代化的大牧场。主要措施有：① 实行区域性专业生产。年均降水量 380mm 以下地区为畜牧区，以养美利奴羊为主，也养一部分牛。主要利用天然草场实行低密度放养家畜，约 3.3 公顷地养 1 只羊。年均降雨量 380～500mm 地区为农牧区，小麦种植和养羊（牛）两业并行，家畜放牧的密度较高，大约 0.33 公顷地养 1 只羊。年均降雨量超过 500mm 的地区，建设人工草场种植高产作物，养畜以奶牛、肉牛、肉羊和猪、禽为主，种植业则有小麦、甘蔗、水稻、棉花、水果、蔬菜等。该地区实行高密度放牧，每亩①地可养羊 1 只左右。这种因地制宜的放牧制度，既能以草定牧、

---

① 亩：地积单位，市亩的简称，1 亩等于 666.7 平方米。

合理利用草原、保持水土肥力，又能种草养畜、防止过牧退化、稳步提高生产能力。②注意保护天然草场。澳大利亚天然草场面积很大，也存在水土流失和沙化问题。该国采取了一些有力措施保护天然草场：一是根据国家专设的研究机构应用遥感监测和实地调查取得的数据，对不同地区分别确定应控制的人口密度和牲畜头数，一旦发现有超载过牧或草场退化现象，立即采取补救措施；二是进行科学轮牧，天然草场也用围栏划分轮牧区，但面积较大，一个围栏往往上千公顷，有些农场还采用轮牧和休牧相结合的方法，稳定草场的生产能力。③因地制宜进行水利建设。澳大利亚不少地区利用自然地势，在较高处修蓄水池，同时向四周围栏内埋设塑料输水管，在部分围栏内设有自动控制饮水槽，供牲畜饮水用。

对不同种类放牧牲畜的饮水半径和放牧距离国外也已经有了许多研究，如蒙古国的著名学者日·乔克敦通过试验对蒙古羊提出饮水半径的推荐值：干旱草原（典型草原）放牧距离为 2.5～3.5km，半荒漠牧场（荒漠草原）放牧距离为 3～4km，牲畜放牧行走距离约为 10～15km/d。

美国、英国、日本、荷兰等发达国家供水工程基本为自来水集中供水，供水设备先进，基本实现了供水系统化、管网化、自动化。目前发达国家在供水管理、水质处理、水源保护方面研究较多，水质标准达到人可以直接饮用，供水管理实现一体化。有些地区将分散的、单独的、小规模的供水系统通过新型的供水网络连在一起，采用区域性集中供水模式，这种供水模式可提高系统的专业性、合理性、可靠性与经济性。日本 1986 年就有 166 个区域性集中供水系统，在英国、美国、法国等亦很多。

放牧场现代化供水网络系统在美国、澳大利亚已普遍采用，牲畜饮水设施采用自动饮水槽和触式饮水器等智能化管理系统。

国外基本实现了牧区供水机械化，牲畜想喝水就走到水槽前。提水机具大多牧场采用清洁的风能太阳能作为牧场能源动力。澳大利亚牧场有专门的动力设备（太阳能电池板、风力设备、电池、风车）、导管、水槽、栅栏，饮水槽根据幼畜设计合理的高度。美国牧场使用太阳能动力系统水泵，利用太阳能提水向贮水池注满水。在水池上装一个浮动开关，当水池注满水时，定时器自动增重，于是注水停止。水箱装在高地上，水就从水箱中自动流出，可同时向三个不同方向的牧场供水。在无太阳的情况下，蓄电池可以连续使用 24 小时。完全解决了牧场牲畜自动饮水问题。

8.1.2　我国牧场供水发展状况

牧区供水主要包括牧区牧业生产（畜群饮水和草场供水），与牧区人民生活和牧业生产最为紧密的是人畜饮用水供水和草场供水。

目前，我国牧区已建成水库 1060 座、塘坝 7216 座、扬水站 4366 座、引水渠 8.38 万 km、引水管道 3.26 万 km、集雨工程 83.43 万处，总设计供水能力 418.4 亿 m³。全国牧区总供水量 409.27 亿 m³，其中地表水工程供水 321.24 亿 m³，地下水工程取水 88.03 亿 m³。从用水行业来看，饲草料灌溉供水 38.44 亿 m³，占供水总量的 9.39%；天然草场灌溉 14.88 亿 m³，占供水总量的 3.64%；饮用水 14.12 亿 m³，占供水总量的 3.45%。

20 世纪 50—70 年代，牧区水利工作重点是开展牧场供水工程建设，建设供水基本井，开辟缺水草场、无水草场，有效解决了一些地区的人畜饮水困难问题，并建成了一批蓄、引、提水利工程，改善了局部地区牧民生活生产条件。

牧场供水方式主要有：地下水单井（机井或者筒井）独立供水、地表水管道供水、地下水单井多水源供水、集雨供水，以及利用天然水源（溪泉、河流、湖泊）供水等模式。

青海多以地下水单井独立供水和地表水管道输水多点供水为主；在水资源丰富区，多利用天然溪泉、河流进行供水；山地草场降水较多，溪流广泛分布且较均匀，利用河流、溪泉等天然地表水进行供水也较多；干旱区依靠水井供水，此外集雨水窖供水也占一定比例。图 8-1 为牧民用内燃机提水和水车拉水的现状。

图 8-1　牧民用内燃机提水和水车拉水的现状

牧区供水与城市和村镇供水相比，规模小，用户分散，水源条件差，用水习惯、供水方式、建设条件和管理水平都有较大差异。牧区幅员辽阔，地区差别很大，供水点多面广、条件各异、发展不平衡，供水可靠性差、保障程度低，除苏木和乡镇外，牧民几乎没有自来水入户供水方式。牧区供水水源多为管井、大口井、辐射井、渗渠、截伏流、泉室、水窖等取水构筑物，取水水源主要是浅层地下水和局部地表水。近年来由于干旱和人为原因，河流断流严重，局部地区的地下水只能靠降雨补给，随着地下水开采量的增加，区域性地下水位下降，供水井报废严重，新建供水井成井率低，水源水量不足；冬季容易封冻无法取水或取水困难；由于取水构筑物简单落后，水源受到便溺、污水、风沙等污染，基本没有净水和消毒措施，供水水质多数不达标。

8.1.3 风能、太阳能供水发展现状

8.1.3.1 风能发电（供水）发展现状

小型风力机械（供水）已经有几十年的历史，是一项成熟的技术。最早流行于 20 世纪初的小农场、小牧场中，大多数用风力机械提水。在美国大规模农村电气化项目启动前，许多农场都安装了风力发电机组为自己供电提水。但是小型风能设备的普及率在美国经济衰退期间和第二次世界大战后的大规模农村电气化项目启动后有所萎缩。最近几年，由于相当一部分人搬到农村没有电网的地区居住，以及其他激励政策的陆续出台，小型风力发电（供水）产业再次普及起来。

小型风力发电（提水）产业在持续地发展，最成功的是用于分散家庭的小型风力发电机组，功率往往仅几百瓦。最大的市场是我国和蒙古国的户用系统，也包括一些较大容量的风能、太阳能互补系统，风力发电机组的单机容量为 1～50kW。

小型风力发电机组的生产和研发主要集中在北美、欧洲和亚洲，而应用几乎遍及全世界。处于小型风力发电市场领导位置的生产企业有 Southwest Windpower（SWWP）公司（美国）、Proven 公司（英国）、Northern Power 公司（美国）、Energrity 公司（加拿大）和 Bergey Windpower 公司（美国）。

在美国和欧洲的一些国家，大约四分之三或者更多的小型风力机组是农村使用的，并且这一比例正在不断上升，单机功率较大，一般至少在 5kW 以上。而在我国和其他发展中国家，大部分是 50～300W 的独立户用系统。2008—2013 年，我国生产了大约 24 万台小型风力发电机，其中大部分规格为 200～1000W，我国是小型风力发电机组的生产和应用大国。

8.1.3.2 太阳能（供水）发展现状

据著名信息分析公司 Dataquest 的统计资料显示，目前全世界共有 136 个国家投入普及应用太阳能电池的热潮中，其中太阳能的应用包括大型并网电站和解决边远农村地区家庭的生产生活用电两个方面。国外光伏产品的五分之二用于提水，太阳能提水技术比较先进，如有美国的 ARCISOLAR 公司和德国的西门子公司，其产品性能先进、自动化程度高、工作可靠。国外较先进的光伏潜水泵生产厂家有美国的 JACUZZA 公司和丹麦的 GRUADFOS 公司，他们推出了适用于 4 寸、5 寸①、6 寸井径的泵，使光伏水泵在达到最高效率的情况下最大限度地利用了径向尺寸。在生产中应用较为先进且光伏供水普及率大于 40% 的国家有以色列、印度、荷兰、德国、意大利等。

目前，许多国家正在制订中长期太阳能开发计划，准备在 21 世纪大规模开发太阳能，美国能源部推出的是国家光伏计划，日本推出的是阳光计划。为实施太阳能"7 万套工程计

---

① 寸：长度单位，英寸的简称，1 英寸为 2.54 厘米。

划"，日本准备普及太阳能住宅发电系统，主要是装设在住宅屋顶上的太阳能电池发电设备，家庭用剩的电量还可以卖给电力公司。一个标准家庭可安装一部发电 3000W 的系统。欧洲则将研究开发太阳能电池列入著名的"尤里卡"高科技计划，推出了"10 万套工程计划"。这些以普及应用光电池为主要内容的"太阳能工程"计划是目前推动太阳能光电池产业大发展的重要动力之一。

20 世纪 90 年代以后，随着我国光伏产业初步形成和成本下降，应用领域开始向工业领域和农村电气化应用发展，市场稳步扩大，并列入国家和地方政府计划。2002 年，国家有关部委启动了"西部省区无电乡通电计划"，通过太阳能发电解决西部七省区无电乡的用电问题，这一项目的启动大大刺激了太阳能发电产业。西藏"阳光计划""光明工程""西藏阿里光伏计划"等大规模推广农村户用光伏电源系统。

我国家用光伏电源在青海、内蒙古、新疆、甘肃、宁夏、西藏以及辽宁、吉林、河北、海南、四川等地广泛应用，尤其在边远地区，太阳能家庭用电与远距离架设电网相比，在经济上显示出巨大的优势。从 1995 年开始，应用在边远地区的户用独立光伏系统约 15 万套。进入 21 世纪，"送电到乡"工程，国家投资 20 亿元，安装 20MW 光伏系统，解决了我国 800 个无电乡镇的生产生活用电问题，推动了我国离网光伏供电供水市场的快速、大幅度增长。

光伏提水这项可以和农业水利建设相结合的新技术开始蓬勃发展，诸如农业水利领域的光伏水利、光伏农业等逐渐开展起来。十八大工作报告明确提出了农业建设和水利建设的重要性，因此，光伏提水技术在 2013 年瞬间起势，成为农牧区水利项目的重要技术手段。

8.1.4　高寒干旱区牧场供水存在的问题

由于长期以来对牧场供水研究甚少，没有形成相应的技术体系和供水策略，牧区的供水一般照搬农区的方法。因牧区的自然条件、环境条件与农区有着较大的区别，农区的供水方法及技术在牧区绝大部分地区不能适应。牧区因居住分散、降水量少、高山沟壑密布、河网分布不均，特别是近年来实施的人饮安全工程未能全面考虑牲畜的饮水困难问题，致使部分牧区牲畜饮水存在困难。

8.1.4.1　牧场供水工程落后，供水总体水平低

由于牧区居住分散，总体来说资金投入不足，基础设施建设标准低。高寒干旱区现阶段供水方式为集中供水和分散式供水两种形式。集中供水分自来水供水到户和集中供水点两种，分散供水以机电井、手压井、筒井、水窖等形式直接取用地下水或直接取用河流、湖泊、自流泉。由于牧区居民居住偏远、分散，常规电网不便达及。供水形式以小型分散为主，个别地方在提水方式上仍在沿用古老的提水机具，如皮斗人力提水、辘轳提水、人力水车等，牧区饮水工程严重滞后且十分薄弱。在寒冷的冬天，取水点周围冻结成厚厚的

冰块，使牧民群众用水量不能满足需求，用水极不方便。牧区高氟水、高砷水、苦咸水、污染水普遍存在，牧区供水工程缺乏适宜的水处理设施，直接威胁着牧民群众的身体健康和生活水平的提高。

8.1.4.2　牧区供水工程投入不足，基础设施建设标准低

紧缺的劳动力和恶劣的自然条件决定了牧区供水工程造价比内地农村高许多，甚至几倍，农村供水投资战略在牧区一些地方不适宜。目前，牧区饮水安全工程的投入基本按全国平均水平人均 300～400 元，按这一水平投资牧区供水工程，不考虑牲畜饮水问题和牧区特殊的自然条件，供水工程投资严重不足，只能建设分散小型供水工程，工程简单，标准低，使用寿命短。

8.1.4.3　牧场供水模式组合简单、效率低

高寒干旱区现状主要用水模式为水源—提水—拉水—用水，存在部分水源—提水—用水的用水户直接饮水的情况。

1. 水源现状

高寒干旱区水源主要依靠地表水和浅层地表水，水源井形式为河流、湖泊及筒井或大口井；同时存在部分深层空隙水，水源井形式为深水井。项目区主要是利用浅层地表水资源，对深层孔隙水资源作为基本保障的水源。针对了地表水及浅层水资源形成的筒井或大口井，可利用内燃机提水，针对深度超过 60m 的深层孔隙水油量消耗较大，提水费用较高，牧民一般把这样的水源井作为基本井，在干旱年份使用，同时通电的深井，可作为日常使用。

2. 供水设备现状

现状牧民的主要提水设备为内燃机发电，水泵提水，根据水源井深度及提水量，内燃机主要为汽油机组，部分牧户使用柴油机组，汽、柴油耗量较大。内燃机组提水主要针对了浅层水资源形成的筒井或大口井，深井提水油量消耗较大，利用较少。

3. 运输现状

现状牧户主要以人力、畜力、汽车拉水为主，水源井提水后，拉水至牧户家或牲畜饮水点，拉水距离远近不同，干旱年份拉水次数明显增多，湿润年份减少。

4. 用水现状

牧民用水主要为生活用水和牲畜饮水，依据《村镇供水工程技术规范》（SL 310－2019），人饮用水定额 45L/d，每户牧民 3～5 人，用水量 135～225L/d，生活用水较少；牲畜饮水量较大，每户牧民 400～1200 羊单位不等；人畜夏季可饮用河流、湖泊、溪流水，冬季水源冻结，饮水较困难。

目前高寒干旱区牧场人饮和牲畜饮水没有分离开来，人饮水质严重不合格。虽然高寒干旱区牧区现在也采用风能、太阳能的集中或分散供水模式，但是组合模式简单、效率低下、设备运行不可靠，不能满足现代化牧场供水的需求。

8.1.4.4 牧场供水设备少、可靠性差

提水方式筒井为人工提水或辘轳提水，机井主要为汽油机、柴油机，牲畜饮水采用自制的饮水槽，没有自来水，牲畜只能按时集中饮水，不能随时随地饮水。

8.1.4.5 牧场供水能源供给利用率低、故障高

由于牧区地处偏远地区，电网架设成本昂贵，没有电网，目前供水的能源主要以柴油机、汽油机为主。对牧民来说，每年的能源消耗支出较高，同时不利于环境保护。部分牧区开始使用风能、太阳能为能源动力，但是能源利用率低、设备故障高，没有形成自动化，难以操作，维护成本高昂。

8.1.4.6 牧场供水标准不显见

目前我国还没有牧场供水方面的标准，致使牧场供水从工程、模式、供水设备等方面没有建设依据，牧场供水模式只是简单的组合，供水技术原始、落后。

8.1.4.7 牧场供水管理体制及机制不完善

牧场供水管理对于合理经营草原、保持草原生态平衡、促进牧业的发展有着很重要的意义。目前，由于我国没有先进的管理方法和经验而造成一些问题，比如，有些地方草原上水源布局很不合理，有的地方虽然收草繁茂，但百里不见井，牧民无法进去放牧；有的地方井距过密，造成了人力、财力的浪费。由于有水的草场不足，使这些草场载畜量过多，长期超载过牧，引起有水草场退化、沙化、盐碱化。草原大面积退化，促成草原畜牧业恶性循环。

需要草原管理部门形成有效的供水管理机制，合力配置水源、载畜量，形成健康、可持续发展的牧场供水模式。

对高寒干旱区牧场现状经营模式进行调查，调查显示，牧场经营主要以单户为主，高寒牧区分为冬季和夏季草场两部分，夏季放牧在高山高海拔地区，冬季回到山下定居点，干旱牧区以定居为主，人畜饮水主要以地表水天然河流、小溪、湖泊和浅层地表水为主，人畜饮水共用同一个水源，牲畜对水源污染较大，影响牧民的饮水水质。取水方式主要为牧民提拉水，夏季水量充沛，冬季需破冰取水，饮水较困难。

现状高寒干旱区部分区域采用打井供水，水源井主要为机电井和筒井，提水方式筒井为人工提水或辘轳提水，机井主要为汽油机提水，运输方式主要为人力背水或牲畜拉水。用水方式落后，牧民体力劳动大，不利于高寒干旱区涉及省份"精准扶贫"任务的完成。

8.2 供水点布局及指标体系研究（以青海省为例）

根据青海省草场类型和放牧形式，针对牲畜开展了饮水量、饮水半径、饮水温度、放牧距离、行走速度等供水指标的研究，探讨供水点布局的合理性。

8.2.1　牧场基本概况

青海省是一个地域辽阔，草场资源丰富，以盛产耗牛和藏系羊驰名的牧业区。全省草场可利用面积人，发展草原畜牧业有着广阔的前景。

青海省位于青藏高原东北部，境内有许多高山，山脉大致呈西北－东南或东－西走向。除湟水谷地和黄河谷地较低外，广大草原地区，海拔均在 3000m 以上。

巍峨的祁连山横卧在青海省的东北部，海拔 4000～600m，疏勒南山最高峰达 5808m。除少数山峰常年被雪覆盖外，大多有牧草生长。美丽富饶的柴达木盆地是青藏高原最低的部分，海拔 2600～3100m。这里气候极为干燥，呈现荒漠植被景观。柴达木盆地的东南部，皆为昆仑山和祁连山的支脉，山势低矮，所以受到东南季风气候的余泽，气候比较温和，发育着干旱草原植被。

果洛州、玉树州处于昆仑山、积石山以南地区。昆仑山的主峰海拔高达 7720m，冰峰林立。唐古拉山在南部嵯峨相峙，主峰高达 6000m。南北两山构成了一对平行的天然屏障，对这一地区的气候有着极为重要的影响。广大的山间谷地是青海高原肥美的天然牧场。

青海省的东部是黄土丘陵，湟水、黄河、大通河两岸谷地属于黄土高原的过渡地带，海拔在 3000m 以下，是青海省的主要产粮区。民和县的下川口地区海拔仅 1600m，是青海省海拔最低的地区。

青海草原土壤有高山草甸土、灌丛卓甸土、亚高山草甸土、亚高山草原土、沼泽土、荒漠土和森林土。

高山草甸土主要分布在海拔 1400～4800m 高山地带，土层较薄，棕褐色，质地轻壤。灌丛草甸土比较湿润，淋溶作用较强，有机质含量 12%～29%，呈酸性反应。亚高山草甸土分布广，面积大，土层深厚，土壤肥沃。亚高山草原土主要分布在共和盆地、兴海盆地、都兰、乌兰等地。沼泽土见于特定的低佳地和湖滨洼地，土壤过度湿润，通气性不良。荒漠土分布在柴达木盆地，土壤发育不完全，土体特别干燥，植物根极少，无结构。森林土有两类，即灰褐色森林土和棕色森林土，前者见于山地阳坡，土层痔薄，淋溶弱，有机质含量较低，后者分布于阴坡，土壤湿润，淋溶强，通层无石灰反应。

8.2.2　草场分布规律及基本特征

草场的水平分布规律不甚明显，自东至西发育为草原草场、草甸草原草场、干旱草原草场、荒漠草原草场、荒漠草场等类型。从南到北，在南部的班玛、昂欠一带分布着森林草场和灌丛草场，向北至称多、达日地区森林则已消失，灌丛草场也只有零星分布，草甸草场成为这里的优势类型；到玛多、花石峡一线发育为草甸草原草场，再往北至都兰、乌兰一带被干旱草原草场所取代；在野马滩一线气候更为干燥，荒漠草原草场成为优势类型，至哈拉湖一带，为高山垫状植被所取代。但是，有的草场类型的分布是呈地区性的，如荒漠草场仅见于柴达木盆地和周围山地；沼泽草场仅在玉树州的查旦、莫云，果洛州的年宝滩、巴颜喀拉山北麓，黄南州的泽曲镇、多和滩，海南州的水塔拉河、青海湖周围，海西州的舟群、木里，海北州的木里滩等地较为集中，其他地方只有零星小片分布。

草场类型的垂直变化也是比较明显，山地阴坡（由下而上）依次为草甸草原草场、森林草场、灌丛草场、草甸草场和高山草甸草场；阳坡则发育为草原草场、森林草场、草甸草原草场和草甸草场。

8.2.2.1　高山草甸草场

草场广泛见于森林上限的灌丛带以上地区，海拔 4100～5000m 的山地丘陵、宽谷、阶地、山坡、山脊等地段，唐古拉地区上限可上升到 5200 m，东部地区下降至 4000m 左右。在地区分布上，集中在玉树、果洛、唐古拉、哈拉湖、玛日塘等地，其他地方只有零星小片分布。可利用面积占全省的 29.4%，是本区面积最大的一个草场型。

高山草甸气候寒冷湿润，日照强，多风。年均温-18～-5.9℃，7、8 月间也有霜雪出现。牧草萌发迟，枯黄早，生长期 90～100 天。

草场的牧草种类较多，大部分为中生或旱中生多年生牧草所组成。高山植物的主要特点是植株低矮，叶线形或肉质，呈莲座状或坐垫状。

高山草甸草场由于地区和分布部位的不同，产草量悬殊较大，平均亩产青草 50—130—200 千克，有的草场产草量很高，如线叶篙草草场，亩产达 260 千克。可利用草场载畜量为 30—11—6 亩/羊单位。

高山草甸草场型地势高，气候寒冷，风大，冬春又有覆雪，不能冬季利用。而夏季地高气爽、蚊蝇少，对于既能耐寒又善于跋涉的藏系羊和耗牛来说，是十分理想的放牧地。

8.2.2.2　亚高山草甸草场

亚高山草甸草场主要分布在海拔 3000～4100m 的广大地区，分布广，面积大，占全省草场可利用面积的 19.5%，主要分布于高山草甸草场的低海拔区域。气候比较温和，年均温 0～3.1℃，年降水量 126.6～431.7mm，热量条件较好，有利于牧草的生长发育。牧草萌发早，枯黄迟，生长期 120～136 天。

植物种类组成比高山草甸草场型复杂，总种数 70～80 种，群落中杂类草的数量更多了。主要优势植物由矮生篙草、高山篙草、篙草、线叶篙草、中华羊茅、紫羊茅、垂穗披碱草等组成。

草场型平均亩产青草 131.2～350.8 千克，可利用草场载畜量为 4.2～11.1 亩/羊单位。

就青海省来说，该草场型是青海天然草场的精华所在。气候温和，地形开阔平坦，比降小，滩地、台地、阶地、宽谷较多，利于机械作业，是建立稳产、高产、优质基本草场的重要基地。

8.2.2.3　灌丛草场

灌丛草场分布零散，面积小，它往往镶嵌分布在森林上限的草甸带之中，海拔 3600～4500m，草场面积只占全省面积的 5.8%。所在地气候寒冷湿润，日照短，蒸发弱，土坡为山地灌丛草甸土，土体湿润，黑褐色，植物残体分解不良，淋溶作用强，有机质含量较高，呈酸性反应。

灌丛草场生产力较低，平均亩产青草 157.8 千克，可利用草场载畜量为 5.2 亩/羊单位。这类草场地处山地阴坡，气候寒冷潮湿，灌木生长稠密，影响放牧利用，只能作为夏季的辅助草场，适宜放牧耗牛和剪毛后的绵羊。

8.2.2.4　沼泽草场

主要分布在杂多县、治多县、曲麻莱县、天峻县、唐古拉山镇、果洛州、青海湖周围等地，海拔 3200～4700m，草场面积占全省面积的 12.8%。

沼泽草场土壤为沼泽土，土壤过度潮湿或积水，通气不良，有机残体不分解，逐年积累形成泥炭。青海高原地区的沼泽不同于低海拔地区的沼泽植被。它与高寒气候因素和特定的水分条件相关。在平顶山山部位，地形开阔平坦，气候严寒，土层 50cm 以下为永冻层，形成了一层坚厚的不透水层，使降水不易下渗而外泄，在低洼的小坑中积聚，形成了无数的、不规则的水坑，土壤长期处于过湿状态。

组成草场的植物种类比较简单，以莎草科植物占绝对优势，它的盖度、产草量均居首位。平均亩产青草 204.5 千克，可利用草场载畜量为 7.1 亩/羊单位。

8.2.2.5　草原草场

草原草场，又称典型草场，草原草场型主要分布在海南州的共和盆地、兴海盆地、木格滩、哇什堂滩、巴洛乎滩、巴滩、克什布滩、美丽滩，海北州的海晏、刚察、门源、祁连，海西州的都兰、乌兰、茶卡等地，其他地区零星分布在山地阳坡。

占全省可利用草场面积的 27.5%。分布区的气候特点是：气候温和干燥，年均气温 2.0～3.7℃，年降水量 161.0～353.0mm。牧草返青早，枯黄迟，生长期 150～180 天。

主要土类有草原土、栗钙土、棕钙土等。土层深浅不一，分布在平滩地的栗钙土，土层深厚，厚达 80～120cm，土壤肥力较高，是一种植饲草饲料比较理想的土类。全剖面均有泡沫反应。

组成草场植物种类不丰富，总种数 20～30 种，比亚高山草甸草场型少得多。草场型平均亩产青草 86.1 千克，可利用草场载畜量为 17 亩/羊单位。

8.2.2.6　荒漠草场

主要分布在海拔 2700～3800m 的鱼卡、野马滩、塔尔丁、甘森、小灶火、中灶火、乌图美仁、纳赤台、哈曲、大柴旦、那仁郭勒河两岸以及诺木洪至格尔木之间的滩地，面积不大，只占全省可利用草场面积的 4.1%。土壤为荒漠土，根据其生存条件、形态和构造特点可分为盐化荒漠土和荒漠盐土两个亚类。土层膺薄，结构粗疏，肥力差，地表有盐壳或盐霜，全剖面有泡沫反应。

气候特点是，夏季气候温暖干燥，冬季寒冷多风，降水极少（16.7～69.3mm），且分布不均，自东至西逐渐减少。地面蒸发十分惊人，为降水量的 96～200 倍。相对湿度小（34%～40%），特别是夏季的相对湿度低于冬季，这样的干旱气候严重影响着乔木、灌木、草本植物的生存与分布，这是盆地地表植被稀疏，植株矮小，种类贫乏的一个主要原因。从植物群落特点来看，主要生长一些旱生或超旱生的盐生灌木。

荒漠草场牧草生长异常稀疏，产草量极低，亩产青草 17.9～28.6 千克，草场质量很差。然而，盐生灌木恰是骆驼的优质饲草，可以发展骆驼产业，荒漠草场是骆驼理想的放牧地。

8.2.3　技术指标

牧场供水关键技术指标包括饮水量、放牧时间、行走距离、采食量、饮水半径等对牲畜个体体重的影响因素，是牧场供水工程规划的重要依据，对牧区畜牧业生产发展及经济效益评价具有重要意义，不同草场类型供水关键技术指标详见表 8-1。

表 8-1　不同草场类型供水关键技术指标

草场类型	饮水量/（L/d）		行走距离/km	放牧时间/h	采食量/（kg/d）		饮水半径/km	
	羊	牦牛			羊	牦牛	羊	牦牛
高山草甸	6	50	<6	10	4	8	2	2
亚高山草甸	6	50	<6	10	4	8	2	2
灌丛草场	8	50	6～10	10	3	7	3	4
沼泽草场	8	50	6～10	10	3	7	3	4
草原草场	10	50	10～15	10	2	6	4	6
荒漠草场	10	50	10～15	10	2	6	4	6

8.2.4　供水点布局

牧场供水点随着水资源分布严重不均而呈现不合理的布局形式，有水的地方水井密布，无水的地方千里不见水井，且牧民为了寻找水源，在草原上乱挖，对草原形成了极大的破坏，而形成的水源井出水量小、易干枯、易污染，且对草原浅水层破坏十分严重；而深层水源水质好、水量足、无污染，但一次性投资较大，成井后提水费用较高，现在形成的深层水源井是牧区供水的基本保障，大部分为政府投资，牧民受益，是牧区重要的水源保障。

项目以不同草场类型为基础，开展供水点布局研究，分析典型区域供水点的布局，研究供水点分布现状，提出理想供水点的分布方式，最后提出较优供水指标体系情况下合理供水点的布局。

1. 供水点分布现状

目前，牧民放牧过程中，夏季以地表水为主，牲畜与人共用水源，冬季地表水冻结，凿冰取水，供水困难。

2. 理想供水点分布

理想供水点间距为饮水半径，呈等边三角形布置，每个点平均控制草场面积。牧场内所有水源均接入管道内，统筹供水，剔除小水量水源，满足牧场供水指标体系的要求，有利于保护草场环境。

目前，理想供水点布局实现较困难，但管道输水的形式发展迅速，在畜牧业发达国家，如新西兰、澳大利亚等国牧场管道供水是非常普遍的，而我国也有出现，且发展较快。

3. 合理供水点分布

调查分析显示，牧场供水主要依靠地表水、基本井和筒井。一般情况下以地表水、筒井作为主要供水水源，以基本井作为拉水水源，拉水距离小于 12km，拉水时间每年不超过 90 天，实现每户牧民地表水、筒井保证一般情况供水，基本井特殊情况拉水的供水点合理分布格局。

随着牧场划分到户的实施，单户供水成为牧区供水的趋势，牧户在各自牧场内布置多个供水点，以管道的形式输水至供水点，供水点间距为饮水半径，满足牧场供水指标。

8.3 高寒干旱牧区提、供水技术模式研究

8.3.1 太阳能供水模式

太阳能供水在牧区的应用比较广泛，目前主要供水模式有：太阳能浅井供水、太阳能深井供水、太阳能蓄电池供水。

8.3.1.1 太阳能浅井供水模式

太阳能浅井供水模式为水源井—太阳能提水—汽车拉水—用水户。

1. 工程组成

太阳能浅井供水模式由以下部分组成：太阳电池板、支架、基础、控制系统、光伏提水专用水泵、取水建筑物、输水管线、用水终端、安全防护网等，如图 8-2 所示。太阳电池板、支架、基础形成光伏动力系统提供动力能源；控制系统主要为控制器，用于调节控制电流；水源井水泵多为潜水泵；取水建筑物主要为水源井，并根据水源井情况匹配动力系

统；目前牧区实现远距离输水较困难，输水管线现状主要为出水管；用水终端主要为牲畜饮水槽或用水户拉水车等；安全防护网主要用于防止牲畜破坏。

2. 工作原理

太阳能光伏系统提供动力，驱动水泵提水，在有效光资源下连续工作，由浅井提水，以"低扬程大流量"运行方式运行，水泵提水后直接输水至用水终端（拉水车或牲畜饮水槽）。

3. 适用性

太阳能浅井供水模式主要适用于小于 30 m 深的水源井类型，水量充沛，满足小扬程、大流量的出水需求，对于水量不充足的水源井需要增加储水设施。主要缺点是太阳能提水设备在光线不充足时或夜间不能提水，对管理维护要求较高。主要优点是一次性投资较小，经济效益十分显著。

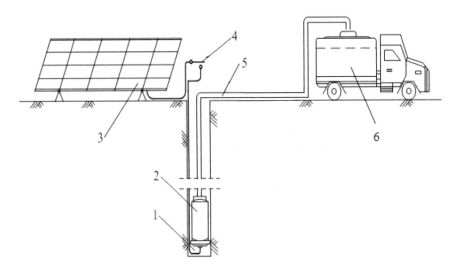

1—水源；2—水源水泵；3—光伏系统；4—控制系统；5—水管；6—运水车

图 8-2　太阳能浅井供水模式工程组成

8.3.1.2　太阳能深井供水模式

太阳能深井供水模式为水源井—太阳能提水—蓄水池储水—太阳能二次提水—汽车拉水—用水户。

1. 工程组成

太阳能深井供水合理的泵站配置主要有太阳电池板、支架、基础、控制系统、光伏提水主水泵、取水建筑物、蓄水池、提水辅泵、输水管线、用水终端、安全防护网等。各组成部分主要作用与太阳能浅井供水模式相同，蓄水池一般建在地下，可提高供水保证率，便于供水设施防冻。工程组成如图 8-3 所示。

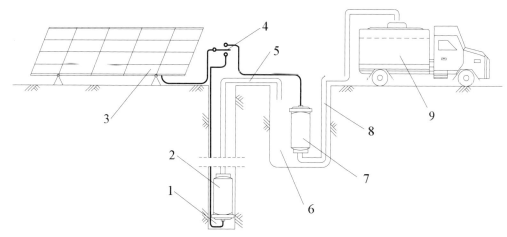

1—水源；2—水源水泵；3—光伏系统；4—控制系统；5—上游水管；6—蓄水池；

7—装车辅水泵；8—下游水管；9—运水车

图 8-3　太阳能深井供水模式工程组成

2. 工作原理

太阳能光伏泵系统提水主泵，在有效光资源下连续工作，绝大部分时间是从深井中提水，以"高扬程、小流量"运行方式运行，将提出的水储在蓄水池中。有用水户开车运水或牲畜饮水时，光伏动力系统脱开提水主泵，切入提水辅泵，辅泵将水从蓄水池装入运水车或饮水槽中，此时光伏提水系统以"低扬程、大流量"运行方式运行，提水结束后，复位到深井提水工况。蓄水池的容水量一般为供水对象的日用水量。

3. 适用性

太阳能深井供水模式主要适用于大于 30m 深的水源井，水量满足"大扬程、小流量"的出水需求，建设有防冻需求的蓄水池。主要缺点是太阳能提水设备在光线不充足时或夜间不能提水，一次性投资和管理维护要求较高。主要优点为利用了牧区部分不易利用的深井。

8.3.1.3　太阳能蓄电池供水模式

太阳能蓄电池供水模式为太阳能聚能—蓄电池储能—水源井水泵提水—汽车拉水—用水户。

1. 工程组成

太阳能蓄电池供水模式主要由以下部分组成：太阳电池板、支架、基础、控制系统、光伏提水专用水泵、蓄电池、输水管线、用水终端、安全防护网等。各组成部分主要作用与太阳能浅井供水模式相同，蓄电池主要为蓄电储能作用。

2. 工作原理

太阳能板利用太阳能充电至蓄电池，利用蓄电池发电驱动水泵提水。

3. 适用性

太阳能蓄电池供水模式主要适用于小于 60m 深的水源井类型，水量充足，水源井越深，需要蓄电池容量越大，造价越高。主要缺点是蓄电池更换频率高，成本大，废旧电池处理对环境影响较大，不可利用较深水源井，管理维护要求较高。主要优点为提水设备在光线不充足时或夜间也能使用，用水方便程度较高。

8.3.2 风能供水模式

牧区风能供水模式选用风力机功率一般为 $1\sim5kW$ 的小型风力机组，日提水量为 $5\sim50m^3$，额定扬程为 $10\sim80m$，额定流量为 $1\sim5m^3/h$ 的提水系统。由于风资源存在不稳定性，且变化频率较高，需要储水或储能的设备进行调节，因此风能提水一般需要增设蓄水池或利用蓄电池储能。

风能供水在牧区得到了广泛应用，目前主要模式有：无防冻功能的风力提水供水模式、有防冻功能的风力提水供水模式、风能蓄电池供水模式。

8.3.2.1 无防冻功能的风力提水供水模式

无防冻功能的风力提水形成供水模式为水源井—风能提水—高位蓄水池蓄水—汽车拉水—用水户。

1. 工程组成

风力提水工程一般由以下部分组成：风力机、风力机基础、控制系统、提水装置（泵）、取水建筑物、输水管线、高位蓄水池（水箱）、用水终端（或排水口）、必要的安全防护网。

风力机和风力机基础是动力系统提供动力能源；控制系统主要为控制器，用于调节控制电流；提水装置主要是水源井水泵，多为潜水泵；取水建筑物主要为水源井，并根据水源井情况匹配动力系统；输水管线主要为出水管；高位蓄水池主要为架设在高处，便于供水的水箱或有地形条件的水池，高位水箱一般不具有防冻功能；用水终端主要为牲畜饮水槽或用水户拉水车等，安全防护网主要用于防护牲畜破坏。该模式由风力提水机、提水泵、控制系统、取水建筑物（水井）及输水管线组成，风力机与水源井由一定的安全围栏进行封闭，构成提水作业区。在围栏外由高位蓄水池、供水栓、拉水车装水台、牲畜饮水槽及输水管线组成。高位水池的容积一般为供水对象的日用量。工程组成如图 8-4 所示。

2. 工作原理

工作原理为风力提水机全天候工作，将水输入蓄水池，蓄水池的底端一般高于用水终端的最不利水头约 2m（装车供水栓除外），使水依靠势能产生静压而自动供水。

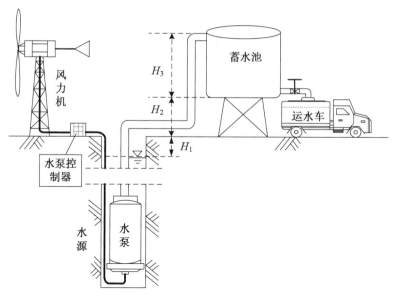

图 8-4　无防冻功能的风力提水系统示意图

风力提水泵站总扬程按下式计算：

$$H = H_1 + H_2 + H_3 + \Delta H \tag{8-1}$$

式中，H——水泵总扬程，m；

　　　H_1——动水位到地面的高差，m；

　　　H_2——蓄水池底部到地面的高差，宜取 2～3m；

　　　H_3——蓄水池底部到蓄水池入水口的高差，m；

　　　ΔH——管道总水头损失，m。

3. 适用性

无防冻功能的风力提水供水模式适用于冬季不需要供水的水源点，高位蓄水池无防冻功能，冬季需放空以免冻胀损坏。主要缺点是冬季不可使用，管理维护要求较高。主要优点为用水方便程度较高，一次性投入较小。

8.3.2.2　有防冻功能的风力提水供水模式

有防冻功能的风力提水形成供水模式为水源井—风能主泵提水—地下蓄水池蓄水—风能充电蓄电池—辅泵提水—汽车拉水—用水户。

1. 工程组成

有防冻功能的风力提水供水模式由取水建筑物（水井）、风力提水机、提水主泵、地下防冻蓄水池、供水辅泵、供水辅泵蓄电池、给水栓及输水管线组成。各组成主要作用与无防冻功能的风力提水供水模式相同。风力机、水源井、地下保温蓄水池由安全围栏进行封闭形成提水作业区。在围栏外由控制室、给水栓、拉水车装水台、牲畜饮水槽和输水管线组成。蓄水池蓄水量为供水对象日用水量，地下蓄水池为封闭式蓄水，水池的顶部一般高于地面 0.2～0.3m（防止车辆碾压），并在顶部覆盖有保温材料和吸热材料，以便进一步提高冬季的防冻效果。与无防冻设施的模式相比，储水池放在地下，适用于在北方寒冷地区进行防冻保温。由于储水池在地下，因此无法实现利用高位水的势能实现自动供水，需在系统中增设蓄电池驱动的供水辅泵"大流量、小扬程"工况下运行。工程组成如图 8-5 所示。

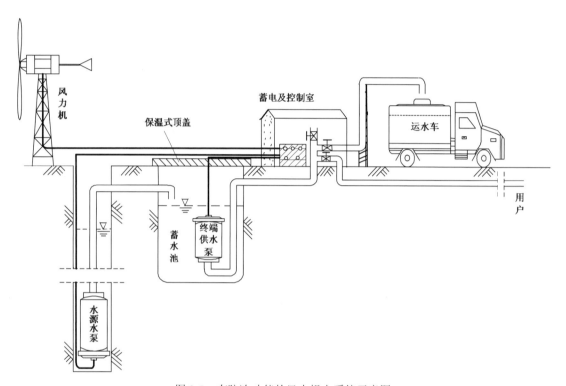

图 8-5　有防冻功能的风力提水系统示意图

2. 工作原理

风力机全天候工作，一般其输出功率的 80% 用于从井中将水提入地下储水池中，约 20% 用于蓄电池的充电，当需要供水时，蓄电池驱动供水泵给用水设施供水。一般蓄水池深 3 m，井深 20～80m，池深与井深的比值为蓄电池负载与风力机负载的比值。为实现快速装车，辅泵一般采用短时间大功率模式工作。

3. 适用性

有防冻功能的风力提水供水模式适用于风能资源较好的供水点，可全年供水，且供水保证率较高。主要缺点为一次性投资较大，管理维护要求较高。主要优点是冬季可以正常使用。

8.3.2.3　风能蓄电池供水模式

风能蓄电池供水模式为风力机组聚能—蓄电池储能—水源井水泵提水—汽车拉水—用水户。

1. 工程组成

风能蓄电池供水模式与太阳能蓄电池供水模式相似，主要由以下部分组成：风力机组、基础、控制系统、风力提水专用水泵、蓄电池、输水管线、用水终端、安全防护网等。各组成主要作用与太阳能蓄电池供水模式相同。

2. 工作原理

风力机利用风能充电至蓄电池，利用蓄电池发电驱动水泵提水。

3. 适用性

风能蓄电池供水模式主要适用于小于 60 m 深的水源井类型，水量充足，水源井越深，蓄电池容量越大，造价越高。主要缺点是蓄电池更换频率高，造价成本大，废旧电池处理对环境影响较大，不可利用较深水源井，管理维护要求较高。主要优点为提水设备在风能不充足的条件下也能使用，用水方便程度较高。

8.3.3 风光互补供水模式

风光互补供水模式主要针对牧区 80～150m 深的水源井、日供水量较大的供水点。

风光互补形成供水模式为水源井（深井）—风光互补提水—蓄水池储水—风光互补二次提水—汽车拉水—用水户。

1. 工程组成

风能、太阳能互补两级提水模式由风力提水机组、太阳能动力系统、控制器、提水装置、取水建筑物、输配水管网、蓄水池、用水终端、安全防护网等组成。

风力机和太阳能动力系统提供动力能源；控制系统主要为控制器，用于调节控制风能、太阳能电流；提水装置主要是水源井水泵，多为潜水泵；取水建筑物主要为水源井，并根据水源井情况匹配动力系统；输水管线主要为出水管；蓄水池主要为地下蓄水池，具有防冻功能；用水终端主要为牲畜饮水槽或用水户拉水车等，安全防护网主要用于防护牲畜破坏，主要围护风力提水机组、太阳能动力系统、控制器、提水装置、取水建筑物。工程组成如图 8-6 所示。

2. 工作原理

第一级提水通过"小流量、高扬程"潜水泵把水提到蓄水池，第二级提水通过"大流量、小扬程"的水泵把水池中的储水提到牧民的拉水车或饮水槽。白天主要以太阳能提水系统为主，在有效光资源下连续工作，绝大部分时间是从深井中提水，以"小流量、高扬程"运行方式运行，将提出的水储在蓄水池中。有用户开车拉水时，通过手动形式将太阳能动力系统切换到二级提水水泵，将水从蓄水池装入运水车中，此时提水系统以"大流量，小扬程"运行方式运行，装水结束后，切换到深井提水工况。

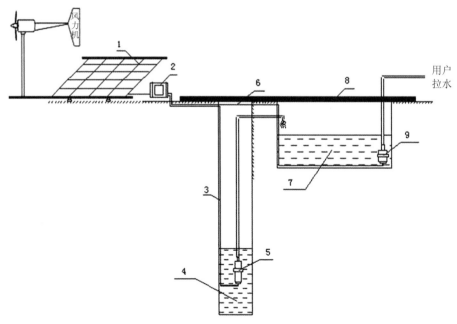

1－风能太阳能动力；2－控制器；3－一级水泵电缆；4－水源井；5－一级水泵；

6－二级水泵电缆；7－蓄水池；8－水源井蓄水池防冻保温盖；9－二级水泵

图 8-6　风能、太阳能提水组成示意图

17:00 时以后太阳能动力不起作用，以风能提水系统为主（17:00 时至次日 9:00 时风速较大），将深井中的水以"小流量、高扬程"的运行方式储存到蓄水池，夜间拉水的用户很少，风能提水主要起到将蓄水池蓄满的作用。少数用户拉水时和上述太阳能提水运行方式相同。

3. 适用性

风光互补供水模式主要适用于深机电井，一次性投资较高。主要缺点是成本大，管理维护要求较高。主要优点为提水设备在风能或光能不充足时也能使用，用水方便程度和供水保证率较高。

8.3.4　新能源供水模式优缺点及适用性

新能源供水模式的选择需因地制宜，综合考虑风资源、光资源、水源、地形等多方面因素。根据不同水源井形式，划分为筒井（大口井）和深井，筒井（大口井）利用浅层水，提水难度较小，易使用小功率、大流量的光伏提水、风力提水系统，不用蓄水池，无需二次提水，也可采用蓄电池储能提水；深井利用深层水，提水难度较大，易采用大功率、小流量的光伏提水、风力提水、风光互补提水系统，需要蓄水池，同时小功率、大流量二次提水至拉水车；地形条件适宜的可建设高位水池；水源距牧户较近时，可自动化供水入圈，筒井提水时可直接入圈，可利用压力罐控制提水泵；深井提水至蓄水池后，二次提水直接入圈，同时可利用压力罐控制二次提水泵。

不同的新能源提水设备各有优缺点，在实际中需根据实际情况应用相应的新能源提水设备。比较各种新能源设备，风能或太阳能提水存在能源不稳定的问题，容易受到自然因素的制约，供水量明显不足，供水保证率较低；风光互补提水也存在能源不稳定问题，受到自然因素的制约，但从牧区自然环境的实际情况来看，风光互补提水保证率较高，太阳能提水保证率较低，风力提水保证率最低，而利用蓄电池保证率最高。

从环境效益方面比较，蓄电池对环境影响较大，尤其是使用 3～5 a 蓄电池就需要更换报废，对环境极为不利。新能源提水设备利用清洁可再生的风能、太阳能，对环境影响较小，对保护牧区生态环境极为重要。

从经济效益方面比较，蓄电池一次性投入较小，但长期投入较大，而新能源提水设备，一次性投入大，回报周期长，长期投入小。一般情况下，深井提水设备投入大，筒井提水设备投入小；分光互补保证率高但投资较大，风能太阳能保证率较低但投资较小。

与内燃机提水设备相比，新能源提水设备减少了安装时间，提高了用水方便程度；但受到自然条件制约，针对新能源提水保证率不足、易损坏的特性，及内燃机提水保证率高、不受时间限制的特点，内燃机提水可作为新能源提水的备用设备。

8.3.5 电力供水模式

电力供水在农区应用比较广泛，牧区也有应用。目前主要供水模式为电力启动水泵提水、输水、配水，供水至用水户，供水模式简单易行。优点：实现全天候供水，供水动力有保障，供水保证率较高；缺点：动力输送路程较远，尤其在牧区，实现通电较困难，大大局限了电力供水在牧区的应用。

8.3.6 内燃机供水模式

内燃机供水在牧区应用比较广泛。目前主要供水模式为内燃机启动水泵提水、输水、配水，供水至用水户，供水模式简单易行。优点：实现全天候供水，供水动力有保障，供水保证率高；缺点：内燃机应用需消耗燃油，燃油成本较高，且对环境影响较大。

8.4 风能、太阳能牧区供水技术研究

8.4.1 太阳能提水设备研发

哈尔盖镇环仓秀麻村三社示范点为光伏交流提水示范点，其纬度为北纬 37°。设计参数：

装机容量 1.65kW；提水流量 3m^3/h；扬程 50m。

8.4.1.1 光资源条件

光伏提水泵站应选择有利的场地，以求增大光系统的出力，提高供能的经济性、稳定性和可靠性。光能资源应具备以下条件：年平均日照小时数大于等于 2800h，年平均辐射总量大于等于 5000MJ/m^2；最大连续无光照小时数小于 72h。人畜供水光伏泵站总辐射量的月际变化与年振幅要小于 200MJ/m^2，光资源状况资料一般使用附近气象站的资料。

8.4.1.2 太阳能提水系统动力设计

（1）光伏阵列最大提水功率为：

$$N_{sf} = \frac{Q_{max}}{3600} \rho g H \tag{8-2}$$

式中：N_{sf}——峰值水功率，W；

Q_{max}——水泵峰值流量，m^3/s；

H——系统总扬程，m；

g——重力加速度，m/s^2；

ρ——水密度，kg/m^3。

故 $N_{sf} = \frac{3}{3600} \times 1000 \times 9.8 \times 50 = 408$W。

（2）光伏提水系统水泵峰值功率为：

$$N_{pf} = \frac{N_{sf}}{k_1 k_2 k_3} \tag{8-3}$$

式中：k_1——流量修正系数，由于 $Q_{max} > 10$ m^3/h，取 0.75；

k_2——提水机具型式修正系数，本系统采用离心泵，取 0.8；

k_3——电力传动形式修正系数，本系统采用交流传动，取 0.75。

故 $N_{pf} = \frac{408}{0.75 \times 0.80 \times 0.75} = 907$W，水泵配套功率选取 1.1kW。

（3）光伏阵列容量为：

$$N = \frac{k_5 N_{pf}}{k_4} \tag{8-4}$$

式中：k_4——太阳能资源修正系数，太阳能年总辐射量小于 1400kW·h/(m^2·a)，取 0.7；

k_5——光伏阵列跟踪方式修正系数，本系统采用单轴跟踪式，取 1.25。

故 $N = 907 \div 0.8 \times 1.25 = 1620$W，阵列装机容量取整为 1.65kW。

（4）光伏阵列设计。本系统采用单轴跟踪支架，以固定光伏阵列的最佳倾角，随着太阳轨迹位置的变换而改变方位角。

（5）光伏阵列行、列间距设计。光伏组件阵列必须考虑前、后排的阴影遮挡问题，并通过计算确定方阵间的距离或太阳电池阵列与建筑物的距离。一般的确定原则是：冬至日当天 9:00 时至 15:00 时的时间段内，太阳电池方阵不应被遮挡。计算公式如下：

通过阴影遮挡计算确定行距。光伏方阵行距应不小于以下公式的 D 值：

$$D = \cos A \times H / \tan[\arcsin(\sin \phi \sin \delta + \cos \phi \cos \delta \cos \omega)] \qquad (8-5)$$

式中：D——遮挡物与阵列的间距，m；

A——太阳方位角，deg；

ϕ——纬度（在北半球为正、在南半球为负），deg；

δ——赤纬角（-23.45°），deg；

H——光伏方阵的上下边的高度差，m；

ω——时角，deg。

经过对多晶硅光伏方阵计算，示范点地处北纬 37°，冬至日 9:00 时的太阳高度角为 16.17°，太阳方位角为 42.49°，得出的 D 值取整为 6m。

根据实地情况，为安装、维护、接线方便，各方阵列间距离约为 6m。

（6）光伏支架设计。光伏电池板的安装采用螺栓背板下固定的方式，固定在支架上，如图 8-7 所示。支架、螺栓、螺母材质为镀锌材料。

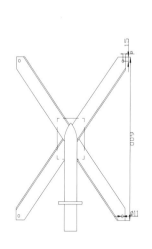
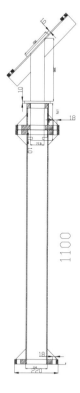

图 8-7　单轴跟踪光伏支架图

8.4.1.3 提水控制器

利用通用变频器加 MPPT 控制器的方式来控制光伏水泵系统,其系统组成如图 8-8 所示。变频器为市面常见的通用变频器,光伏阵列的输出可以直接接到变频器的直流端子上。对于直流端子没有外引的变频器,光伏阵列的输出也可以直接接到变频器的 3 个输入端中的任意两个,这样接线还可以避免电源的正负极接反。变频器的输出直接与机泵负载相连。控制器主要完成 MPPT 控制、变频器频率给定控制和水位检测等功能。

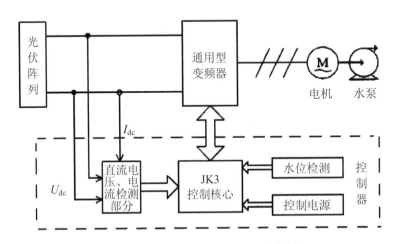

图 8-8 通用变频器的光伏水泵控制系统

采用通用变频器控制的光伏水泵系统,MPPT 控制可以采用 CVT 方式或 TMPPT 方式,由用户来选择。

通用变频器控制的光伏水泵系统控制原理如图 8-9 所示。图中 PI 调节器根据给定误差输出变频器的频率给定信号,从而改变水泵驱动电动机的转速,如此即改变了系统的负载大小。f^* 越大,电动机转速越高,系统负载越大;反之,f^* 越小,电动机转速越低,系统负载越小。而系统负载的大小直接影响到变频器的直流侧电流,即 I_{dc} 的大小。负载越大,I_{dc} 越大;负载越小,I_{dc} 越小。这样就构成如下所述的系统调节过程。

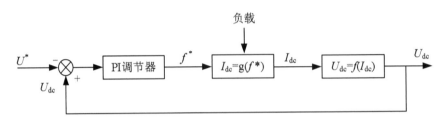

图 8-9 控制系统原理

当检测到的光伏阵列输出电压 U_{dc} 大于指令电压 U^* 时,变频器的频率给定 f^* 上升,机泵的转速 n 也上升,负载增加,光伏阵列的输出电流 I_{dc} 增加,光伏阵列输出电压 U_{dc} 下降

直到稳定在工作点 U^*；当光伏阵列输出电压 U_{dc} 小于指令 U^* 时，变频器的频率给定 f^* 下降，机泵的转速 n 也下降，负载减小，光伏阵列的输出电流 I_{dc} 减小，光伏阵列输出电压 U_{dc} 增加直到稳定在工作点 U^*。

8.4.1.4 提水水泵

光伏水泵系统的作用就是为了能稳定、可靠地多出水，或者说最后的工作都由电机和水泵来完成。因此，光伏水泵系统的驱动电机和水泵的选型非常重要。对于大多数潜水光伏水泵而言，电机和水泵构成一个总成件，要求有极高的可靠性。电机和水泵的搭配也不像常见的电机和水泵那样随便搭配，要综合考虑太阳电池阵列的电压等级和功率等级及水泵的扬程、流量等因素的制约。

随着电力电子技术和交流调速技术的长足发展，三相异步电机具有结构简单、可靠性高、维修工作量小等优点，三相异步电动机的应用已越来越广泛。在本研究中，根据实际情况选择三相交流离心潜水泵，扬程为 50m，流量为 $3m^3/h$，功率为 1.1kW。

8.4.1.5 太阳能提水设备集成示范试验及效果分析

示范点位于青海省刚察县哈尔盖镇环仓秀麻村三社，受益范围包括周边 10 户牧民，主要解决周边 10 户牧民的生产生活用水与 800 余只羊，300 余头牦牛的饮水问题。示范点扬程 50m、日需水量 20t，光伏阵列采用固定倾角运行方式，根据当地太阳能资源，其满负荷小时数为 5h，供水流量为 $3m^3/h$。根据第 8.4.1.2 小节计算，光伏阵列安装容量为 1.65kW。

主要技术参数：

工程总容量：1.65kW；

日供水量：20t；

光伏阵列运行方式：光伏支架采用固定倾角；

流量：$3m^3/h$；

扬程：50m。

1. 1.65kW 光伏提水机组输出特性的分析

实验过程通过测量辐照度、电流、电压来计算不同辐照度对应的输出电功率。通过流量的测量计算水功率，具体测量结果见表 8-2。

表 8-2 1.65kW 光伏提水机组输出特性测试

太阳辐射量 /（W/m²）	电压 /V	电流 /A	电功率 /W	扬程 /m	流量 /（m³/h）	水功率 /W	效率 /%
200	514.1	0.61	314.63	50	—	—	—
300	514.3	0.92	472.13	50	0.25	34.03	7.21
400	514.6	1.21	621.12	50	0.63	85.75	13.81
500	514.4	1.51	778.29	50	1.42	193.28	24.83

续表

太阳辐射量 /（W/m²）	电压 /V	电流 /A	电功率 /W	扬程 /m	流量 /（m³/h）	水功率 /W	效率 /%
600	514.7	1.79	918.74	50	2.15	292.64	31.85
700	514.3	2.30	1180.32	50	2.88	392.00	33.21
800	514.1	2.62	1345.91	50	2.96	402.89	29.93
900	514.5	2.94	1513.14	50	3.04	413.78	27.35

由图 8-10 可以看出当辐射量达到 700W/m² 时，提水效率达到最大值 33.21%；随着太阳能辐射量的增加，提水效率又开始下降。随着辐射量的增加，提水量提升较快，当辐射量达最佳效率点时，提水流量增加率变缓。

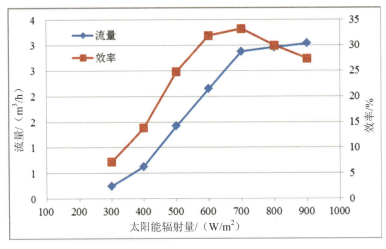

图 8-10 1.65kW 光伏提水机组输出特性测试

2. 1.65kW 光伏提水人畜饮水日提水量测试

（1）1.65kW 光伏提水机组 7 月份野外试验。光伏提水机组 7 月份逐时提水量见表 8-3。

表 8-3 7 月份逐时太阳辐射量及流量

时间/h	8:00	9:00	10:00	11:00	12:00
辐射量/（W/m²）	332	459	608	705	786
流量/（m³/h）	0.42	0.95	2.12	2.73	2.92
时间/h	13:00	14:00	15:00	16:00	17:00
辐射量/（W/m²）	833	760	648	596	554
流量/（m³/h）	3.01	2.86	2.51	2.23	1.67

示范点 7 月份太阳辐射量为 628.13W/m²，日提水量为 26.42m³，光伏提水机组全月总提水量可达 793m³。7 月份太阳辐射量和流量日变化情况如图 8-11 所示。

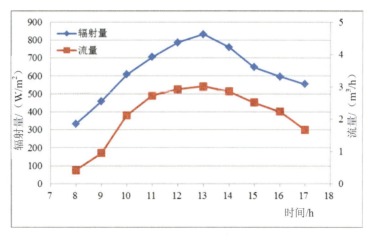

图 8-11　7 月份太阳辐射量和流量日变化曲线

（2）1.65kW 光伏提水机组 8 月份野外试验。光伏提水机组 8 月份逐时提水量见表 8-4。

表 8-4　8 月份逐时太阳辐射量及流量

时间/h	8:00	9:00	10:00	11:00	12:00
辐射量/（W/m^2）	313.65	441.87	587.23	701.27	749.38
流量/（m^3/h）	0.39	1.16	2.06	2.61	2.79
时间/h	13:00	14:00	15:00	16:00	17:00
辐射量/（W/m^2）	783.13	736.68	647.86	566.38	427.49
流量/（m^3/h）	2.81	2.73	2.26	1.68	1.06

示范点 8 月份太阳辐射量为 595.49W/m^2，日提水量为 25.55m^3，光伏提水机组全月总提水量可达 766.5m^3。8 月份太阳辐射量和流量日变化情况如图 8-12 所示。

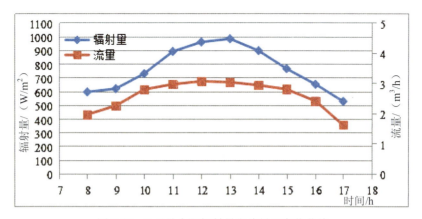

图 8-12　8 月份太阳辐射量和流量日变化曲线

（3）1.65kW 光伏提水机组 12 月份野外试验。光伏提水机组 12 月份逐时提水量见表 8-5。

表 8-5　12 月份逐时太阳辐射量及流量

时间/h	8:00	9:00	10:00	11:00	12:00
辐射量/（W/m²）	102.35	286.37	524.02	616.24	730.34
流量/（m³/h）	0	0	1.47	2.14	2.65
时间/h	13:00	14:00	15:00	16:00	17:00
辐射量/（W/m²）	763.56	686.95	526.07	458.86	354.23
流量/（m³/h）	2.83	2.55	1.63	1.29	0.55

示范点 12 月份太阳辐射量为 504.9W/m²，日提水量为 20.1m³，光伏提水机组全月总提水量可达 603m³。12 月份太阳辐射量和流量日变化情况如图 8-13 所示。

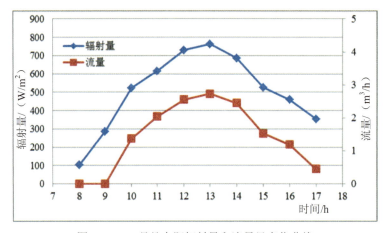

图 8-13　12 月份太阳辐射量和流量日变化曲线

示范点在 7、8、12 月份的日提水量为 20m³ 以上，满足人畜饮水的要求。

3. 供水保证率计算

全年最大需水日供水保证率按式（8-6）计算：

$$\eta_{p\max} = \frac{Q_h}{Q_{r\max}} \times 100\% \qquad (8-6)$$

式中：$\eta_{p\max}$——全年光伏提水系统供水保证率，%；

　　　Q_h——全年光伏提水系统保证供水的天数，d；

　　　$Q_{r\max}$——全年需水天数，如全年供水为 365，d。

供水保证率为 91.5%，可满足全年的供水要求。

8.4.2　风光互补提水设备

伊克乌兰乡刚察贡麻村四社示范点为风光互补提水示范点，其纬度为北纬 37°。设计参数为：提水流量 3m³/h，扬程 60m，光伏阵列装机容量 1.65kW，风力机装机容量为 2kW，水泵配套功率 1.1kW。

8.4.2.1　太阳能提水设备容量确定

根据式（8-2）至式（8-5）计算确定参数为如下：

光伏阵列最大提水功率为：653W；

光伏提水系统水泵峰值功率为：1056W；

选取水泵配套功率为：1.1kW；

光伏阵列容量为：1.65kW；

支架倾角为 37°，行、列间距均为 6m。

8.4.2.2　风能提水设备容量确定

风力提水泵站应选择有利的场地，以求增大风力机的出力，提高供能的经济性、稳定性和可靠性。风能资源应具备以下条件：①年平均风速大于等于 3.5m/s，年平均有效风能密度储量大于等于 40W/m²；②年有效风速小时数大于 3000h，最大连续无有效风速小时数小于 100h，30 年一遇最大风速小于 40m/s；③盛行风向、次盛行风向比较稳定，季节变化比较小的地区。盛行风向的风频应大于 40%，次盛行风向的风频应大于 25%；④避开由于上风向地形的起伏或由于障碍物而引起的频繁湍流。

8.4.2.3　风力提水系统动力设计

（1）风力机的最大提水功率为：

$$N_{\mathrm{f}} = \frac{Q_{\max}}{3600} \rho g H \tag{8-7}$$

式中：N_{f}——峰值水功率，W；

　　　$Q_{\max}$——水泵峰值流量，m³/s；

　　　H——系统总扬程，m；

　　　g——重力加速度，m/s²；

　　　ρ——水密度，kg/m³。

故 $N_{\mathrm{f}} = \dfrac{4}{3600} \times 1000 \times 9.8 \times 60 = 653\mathrm{W}$。

（2）风能提水系统水泵峰值功率为：

$$N_{\mathrm{fb}} = 1056\mathrm{W}$$

（3）风能提水系统风力机峰值功率为：

$$N_{\mathrm{fj}} = \frac{N_{\mathrm{fb}}}{k_1 k_2} \tag{8-8}$$

式中：$k_1 k_2$——风机的机电效率，取 0.55。

故 $N_{fb} = \dfrac{1056}{0.55} = 1920\text{W}$ ，选取风力机容量为 2kW。

（4）风力机容量及造型设计。示范点所需流量为 4m³/h，扬程为 60m，风力机组选用 3 叶片高速离心泵提水机组。

（5）叶片设计。为了提高风力提水机组效率，风力机叶片选用了低风速时具有较高升力系数（CL）的 st.CY234 翼型。为了增大风力机低风速时的起动力矩，改善低风速时的工作特性，我们采用了低叶尖速比（$\lambda_0=6$）和叶片根部大扭角（25°），以便在低风速，大风向角时，风轮也工作在一个相对理想的工作区间，不至于处在失速状态。在弦长变化上，通过计算机的优化设计，从叶尖到叶根弦长分别呈线性和二次方函数递增，以保证叶片具有较好的气动特性。根据以上条件设计出三叶片、直径为 4m 的风力发电提水专用的风能转换系统。

（6）风力机调向装置设计。调向装置就是在风轮正常运转时一直使风轮对准风向的装置。微小型风力发电机常用尾舵调向。尾舵调向可靠，易于制造，成本低。

设计尾舵时应保证使风轮对准风向。风向是变化的，尾舵调向应柔和而不应使风轮频繁摆头。尾舵调向受力分析如图 8-14 所示。

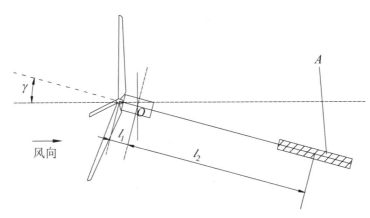

图 8-14　尾舵调受力分析图

γ—入流角；A—尾舵面积；l_2—转盘中心 O 至尾舵面积受力中心距离；l_1—风轮中心至转盘中心 O 距离

当风向偏离叶片 γ 角度时，风对尾舵面积 A 的推力对转盘中心 O 的力矩应大于风对风轮叶片的推力对转盘中心 O 的力矩，尾舵开始调向，设计时调向角设定为 $\gamma=15°$。

$$F_T \cos\gamma \sin\gamma \cdot l_1 < f_T \cos\gamma \cdot l_2 \tag{8-9}$$

$$f_T = A \cdot p \cdot \sin\gamma \tag{8-10}$$

$$F_T l_1 < A p l_2 \tag{8-11}$$

式中：A——尾舵面积，m²；

　　　　p——单位面积风压，Pa；

l_2——转盘中心 O 至尾舵面积受力中心距离，m；

F_T——风对叶片的推力，N；

l_1——风轮中心至转盘中心 O 距离，m。

用叶片扫掠面积 S 表示时，高速风力机尾舵计算可采用下面的经验公式

$$0.16Sl_1 \leqslant Al_2 \tag{8-12}$$

$$A = \frac{0.16S \cdot l_1}{l_2} \tag{8-13}$$

转盘中心 O 至尾舵面积受力中心距离 l_1 为 $0.6D$，即 $l_2 =1.2\text{m}$。

尾舵面积不易太大、太笨重，本次设计中通过计算得出尾舵面积 $A=0.36\text{m}^2$。

（7）塔架设计。为了减少地面效应对风轮转速的影响，风轮离地面距离不宜太小，根据有关资料推荐的塔架高度系列，将塔架高度定为 9m，高度确定之后，计算风轮正面压力（风速选当地最大风速）。将正面压力所产生的倾倒力矩和机重所产生的稳定力矩联系起来进行塔架的设计计算。结构形式为塔管式，其优点是结构简单、节省材料、装配省工省时、可降低机组成本；其缺点是易产生振动，为此设计 4 条拉线，使激振频率区避开了固振频率，保证了机组工作的平稳性和较长的使用寿命。塔架大管两端的法兰进行了车削加工，保证了塔架的垂直度，将塔架设计成整体式也保证了机器运转的平稳。塔架分成塔管及底座二部分。底座带有铰接点，便于竖立安装。

（8）发电机设计。风力发电机选用三相交流 380V、旋转式、无滑环风力发电机，额定转速 280r/min，额定功率 2kW，效率 $\eta > 70\%$。根据风轮气动要求，发电机起动阻力矩 $M_0 \leqslant 1.5\ \text{N·m}$。

（9）控制系统。利用通用变频器来控制风光互补提水系统，其系统组成如图 8-15 所示。图中，变频器为市面常见的通用变频器，光伏阵列的输出可以直接接到变频器的直流端子上。风力机输出直流，但电压低，不能满足变频器的输入要求，需逆变成交流，通过变压器进行升压，然后在整流为直流输入变频器。变频器的输出直接与机泵负载相连。控制器主要完成 MPPT 控制、变频器频率给定控制和保护等功能。

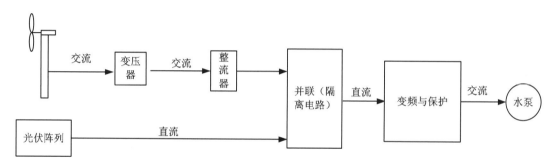

图 8-15 风光互补控制系统框图

8.4.2.4　风光互补提水设备集成示范试验及效果分析

示范点位于青海省刚察县伊克乌兰乡刚察贡麻村四社，主要解决 2 户牧民 8 人的生产生活用水与约 300 只羊、370 头牦牛的饮水问题，受益范围包括周边 5 户牧民。示范点扬程 60m、日需水量 20t，光伏阵列采用对光旋转运行方式，根据当地太阳能资源，其满负荷小时数为 6.7h，供水流量为 3m³/h。根据第 8.4.1.2 小节与 8.4.2.3 小节计算，光伏阵列安装容量为 1.65kW，风力机装机容量为 2kW。

主要技术参数：

工程总容量：3.65kW；

日供水量：20t；

光伏阵列运行方式：光伏支架采用对光旋转；

流量：3m³/h；

扬程：60m。

1．1.65kW 光伏提水机组输出特性的分析

实验过程通过测量辐照度、电流、电压来计算不同辐照度对应的输出电功率。通过流量的测量计算水功率，具体测量结果见表 8-6。

表 8-6　1.65kW 光伏提水机组输出特性测试

太阳辐射量 /（W/m²）	电压 /V	电流 /A	电功率 /W	扬程 /m	流量 /（m³/h）	水功率 /W	效率 /%
200	514.1	0.48	248.47	60			
300	514.3	1.23	634.28	60	0.38	62.07	9.79
400	514.6	1.72	883.36	60	0.82	133.93	15.16
500	514.4	1.86	955.89	60	1.43	233.57	24.43
600	514.7	2.08	1072.25	60	2.28	372.40	34.73
700	514.3	2.41	1240.70	60	2.71	442.63	35.68
800	514.1	2.68	1378.59	60	3.01	491.63	35.66
900	514.5	2.98	1533.21	60	3.08	503.07	32.81
1000	514.4	3.24	1666.66	60	3.06	499.80	29.99

由图 8-16 可以看出当辐射量达到 700W/m² 时，提水效率达到最大值 35.68%，随着太阳能辐射量的增加，提水效率又开始下降。随着辐射量的增加，提水量提升较快，当辐射量达最佳效率点时，提水流量增加率变缓。

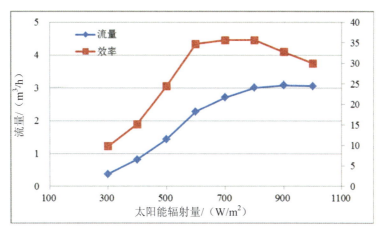

图 8-16　1.65kW 光伏提水机组输出特性测试

2. 1.65kW 光伏提水人畜饮水日提水量测试

（1）1.65kW 光伏提水机组 7 月份野外试验。光伏提水机组 7 月份逐时提水量见表 8-7。

表 8-7　7 月份逐时太阳辐射量及流量

时间/h	8:00	9:00	10:00	11:00	12:00	13:00
辐射量/（W/m^2）	346	435	560	753	946	993
流量/（m^3/h）	0.47	0.90	1.76	2.82	3.03	3.01
时间/h	14:00	15:00	16:00	17:00	18:00	
辐射量/（W/m^2）	956	870	762	545	311	
流量/（m^3/h）	3.02	2.96	2.84	1.64	0.27	

示范点 7 月份太阳辐射量为 679.73W/m^2，日提水量为 22.71m^3，光伏提水机组全月总提水量可达 704m^3。7 月份太阳辐射量和流量日变化情况如图 8-17 所示。

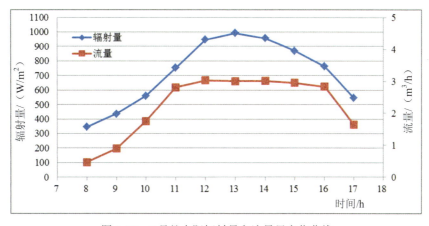

图 8-17　7 月份太阳辐射量和流量日变化曲线

（2）1.65kW 光伏提水机组 8 月份野外试验。光伏提水机组 8 月份逐时提水量见表 8-8。

表 8-8　8 月份逐时太阳辐射量及流量

时间/h	8:00	9:00	10:00	11:00	12:00	13:00
辐射量/（W/m²）	319	408	533	721	903	964
流量/（m³/h）	0.42	0.75	1.52	2.67	2.97	3.01
时间/h	14:00	15:00	16:00	17:00	18:00	
辐射量/（W/m²）	913	809	701	537	304	
流量/（m³/h）	3.02	3.01	2.72	1.57	0.29	

示范点 8 月份太阳辐射量为 646.55W/m²，日提水量为 21.95m³，光伏提水机组全月总提水量可达 680m³。8 月份太阳辐射量和流量日变化情况如图 8-18 所示。

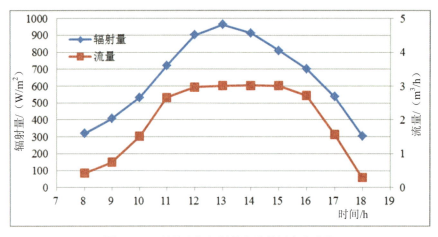

图 8-18　8 月份太阳辐射量和流量日变化曲线

（3）1.65kW 光伏提水机组 12 月份野外试验。光伏提水机组 12 月份逐时提水量见表 8-9。

表 8-9　12 月份逐时太阳辐射量及流量

时间/h	8:00	9:00	10:00	11:00	12:00	13:00
辐射量/（W/m²）	0	384	596	736	844	923
流量/（m³/h）	0	0.79	2.24	2.81	3.03	3.04
时间/h	14:00	15:00	16:00	17:00	18:00	
辐射量/（W/m²）	886	725	573	367	0	
流量/（m³/h）	3.01	2.7	1.78	0.67	0	

示范点 12 月份太阳辐射量为 501.45W/m²，日提水量为 20.54m³，光伏提水机组全月总提水量可达 616.2m³。12 月份太阳辐射量和流量日变化情况如图 8-19 所示。

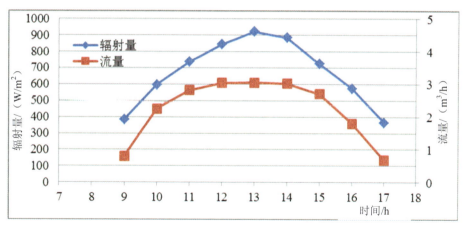

图 8-19 12 月份太阳辐射量和流量日变化曲线

示范点在 7、8、12 月份的日提水量均为 20m³ 以上，满足人畜饮水的要求。

3. 2kW 风力提水机组输出特性的分析

实验过程通过测量风速、电流、电压来计算不同辐照度对应的输出电功率。通过流量的测量计算水功率，具体测量结果见表 8-10。

表 8-10 2kW 风力提水机组输出特性测试

风速 /（m/s）	电流 /A	电压 /V	电功率 /W	扬程 /m	流量 /（m³/h）	水功率 /W	效率 /%
4	1.57	230	624.09	60	0.28	45.23	7.25
5	1.68	261	760.95	60	0.55	90.04	11.83
6	1.75	325	985.06	60	1.00	163.33	16.58
7	1.90	380	1250.49	60	1.64	268.02	21.43
8	1.97	398	1355.68	60	2.99	487.89	35.99
9	2.04	401	1417.99	60	3.01	491.34	34.65
10	2.05	397	1409.57	60	2.99	488.62	34.66
11	2.07	403	1442.51	60	3.02	492.70	34.16

由图 8-20 可以看出当风速达到 8m/s 时，提水效率达到最大值 35.99%，随着风速增加，提水效率缓慢下降；同时提水流量达到最大值，随着风速继续增加，风力提水机组流量基本保持不变。

4. 2kW 风力提水人畜饮水日提水量测试

风力提水机组 7 月份逐时提水量见表 8-11。

实验测试数据显示，在白天供水时段间风力提水机组平均风速为 7.5m/s，日提水量为 22.37m³，全月总提水量为 832m³。7 月份风速、流量日变化情况如图 8-21 所示。

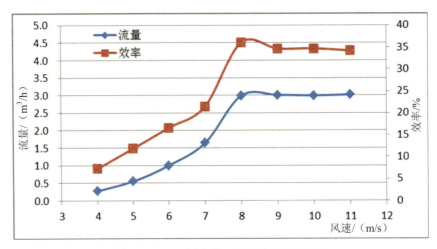

图 8-20   2kW 风力提水机组输出特性测试

表 8-11   7 月份逐时风速及流量

时间/h	8:00	9:00	10:00	11:00	12:00	13:00
风速/（m/s）	4.5	4.2	5.6	7.9	7.5	8.4
流量/（m³/h）	0.32	0.21	0.74	2.90	2.24	2.92
时间/h	14:00	15:00	16:00	17:00	18:00	
风速/（m/s）	6.8	10.1	10.7	7.8	9.3	
流量/（m³/h）	1.42	3.01	2.98	2.65	2.97	

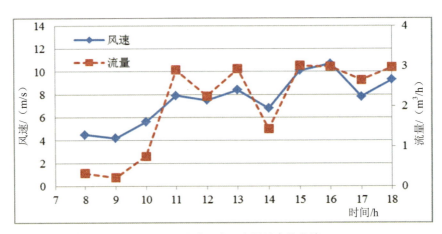

图 8-21   7 月份风速、流量日变化曲线

5. 风光互补工况下提水人畜饮水日提水量测试

由上述实验数据可知，光伏提水与风力机提水机组单独运行均能保证全天供水需求。当太阳能资源与风能资源均处于不理想的状态下，则启动风力机与光伏同时提供动力进行提水。风光互补工况下实验数据见表 8-12。

表 8-12　风光互补工况下输出特性

辐射量 / (W/m²)	风速 / (m/ε)	电流 /A	电压 /V	电功率 /W	扬程 /m	流量 / (m³/h)	提水功率 /W	效率 /%
226	4.2	2.03	514.2	1044.25	60	2.27	371.57	35.58
278	4.3	2.22	514.1	1139.54	60	2.66	434.18	38.10
302	4.2	2.28	514.0	1173.59	60	2.73	446.43	38.04
213	5.2	2.35	514.1	1208.09	60	2.77	451.87	37.40
295	5.1	2.55	514.0	1310.65	60	2.93	479.09	36.55
397	4.1	2.77	514.1	1422.29	60	2.97	484.54	34.07
510	4.0	2.91	514.0	1494.82	60	3.02	494.06	33.05
608	4.1	3.13	514.1	1610.78	60	3.02	492.70	30.59

如图 8-22 所示，风光互补提水机组提水效率曲线呈现上凸的趋势。当电功率达到 1139.54W 时，风光互补提水机组提水效率为 38.1%，随着电功率的继续增加，提水效率逐渐降低；风光互补提水机组提水流量曲线呈现缓慢上升的趋势。当电功率达到 1310.65W 时，风光互补提水机组提水流量为 2.93m³/h，随着电功率的继续增加，提水基本在 3m³/h 左右波动。

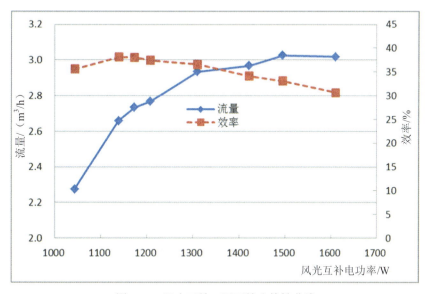

图 8-22　风光互补工况下输出特性曲线

6. 供水保证率计算

全年最大需水日供水保证率按式（8-6）计算，风光互补供水保证率为 93.6%，可满足全年的供水要求。

8.4.3 直流光伏提水设备

青海省海北州刚察县伊克乌兰乡角什科秀麻村一社为光伏直流提水示范点，其纬度为北纬 37°。设计参数为：提水流量 $4m^3/h$，扬程 12m，光伏阵列装机容量 450W，水泵配套功率 350W。

8.4.3.1 太阳能直流提水系统动力设计

（1）光伏阵列最大提水功率为：

$$N_{zf} = \frac{Q_{max}}{3600} \rho g H = 13W$$

（2）光伏提水系统水泵峰值功率为：

$$N_{zb} = \frac{N_{zf}}{k_1 k_2 k_3} \tag{8-14}$$

式中：k_1——流量修正系数，由于 $Q_{max} < 10\ m^3/h$，取 0.70；

k_2——提水机具型式修正系数，本系统采用离心泵，取 0.8；

k_3——电力传动形式修正系数，本系统采用直流传动，取 0.9。

故 $N_{zb} = \frac{131}{0.7 \times 0.8 \times 0.9} = 259W$，水泵配套功率选取 350W。

（3）光伏阵列容量为：

$$N = \frac{k_5 N_{pf}}{k_4} \tag{8-15}$$

式中：k_4——太阳能资源修正系数，示范点太阳能年总辐射量小于 $1400kW \cdot h/(m^2 \cdot a)$，取 0.7；

k_5——光伏阵列跟踪方式修正系数，本系统采用单轴跟踪式，取 1.2。

故 $N = 259 \div 0.7 \times 1.2 = 444W$，阵列装机容量取整为 450W。

光伏支架倾角为 37°，由于装机容量小，支架数设计为 1。

8.4.3.2 直流水泵及控制

直流水泵内部集成最大功率点跟踪以及变换、控制等装置，驱动直流、永磁、无刷、无位置传感器、定转子双塑封电机或高效异步电机或高速开关磁阻电机带动高效水泵。外部控制盒装有防反向击穿电子元件，简单且易操作。

无刷直流水泵采用了电子组件换向，无需使用碳刷换向，采用高性能耐磨陶瓷轴及陶瓷轴套，轴套通过注塑与磁铁连成整体也就避免了磨损，因此无刷直流磁力式水泵的寿命大大增强了。磁力隔离式水泵的定子部分和转子部分完全隔离，定子和电路板部分采用环氧树脂灌封，100%防水，转子部分采用永磁磁铁，水泵机身采用环保材料，噪声低，体积小，性能稳定。可以通过定子的绕线调节各种所需的参数，可以宽电压运行。

直流水泵具有良好的长效经济性，特别是和常见的柴油机抽水相比较，具有压倒的经济性优势。发展这种新型环保节能产品无疑将会对发展产业、发展经济，特别是发展干旱地区的现代农业，带来巨大的经济效益和社会效益，它特别符合建设"资源节约型"及"环境友好型"社会的发展战略。

8.4.3.3 太阳能直流水泵供水设备集成示范及效果分析

青海省海北州刚察县伊克乌兰乡角什科秀麻村一社太阳能直流泵供水示范点，受益范围包括周边 3 户牧民，主要解决周边 3 户牧民的生产生活用水与约 900 只羊、210 头牦牛的饮水问题。水泵扬程 12m、日需水量 20t，光伏阵列采用对光旋转运行方式，根据当地太阳能资源，其满负荷小时数为 5h，供水流量为 4m³/h。根据第 8.4.3.1 小节计算，光伏阵列安装容量为 450W，水泵功率 350W。

主要技术参数：

工程总容量：450W；

日供水量：20t；

光伏阵列运行方式：光伏支架采用对光旋转；

流量：4m³/h；

扬程：12m。

1. 450W 光伏提水机组输出特性的分析

实验过程通过测量辐照度、电流、电压来计算不同辐照度对应的输出电功率。通过流量的测量计算水功率，具体测量结果见表 8-13。

表 8-13 450kW 光伏提水机组输出特性测试

太阳辐射量/（W/m²）	电压/V	电流/A	电功率/W	扬程/m	流量/（m³/h）	水功率/W	效率/%
200	31.0	2.60	80.60	12			
300	31.3	2.95	92.34	12	0.46	15.08	16.33
400	31.9	3.20	102.08	12	0.69	22.62	22.15
500	32.1	3.55	113.96	12	1.02	33.41	29.32
600	32.0	4.20	134.40	12	1.43	46.67	34.72
700	36.3	5.00	181.50	12	2.14	70.00	38.57
800	41.5	5.85	242.78	12	3.05	99.63	41.04
900	44.2	7.05	311.61	12	3.86	126.09	40.47
1000	48.3	7.35	355.01	12	4.13	134.86	37.99
1100	48.5	8.10	392.85	12	4.29	140.00	35.64

由图 8-23 可以看出，当辐射量达到 300W/m²，直流提水系统开始进行提水；当辐射量

达到最大值（800W/m²），效率效率达到极值41.04%；随着辐射量的继续增加，提水流量相应增加，但提水效率呈下降趋势。

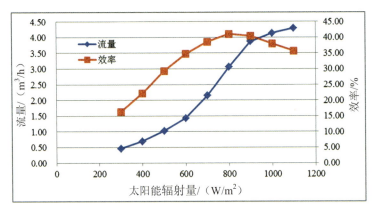

图8-23　450W光伏提水机组输出特性测试

2. 450W光伏提水人畜饮水日提水量测试

（1）450W光伏提水机组7月份野外试验。光伏提水机组7月份逐时提水量见表8-14。

表8-14　7月份逐时太阳辐射量及流量

时间/h	8:00	9:00	10:00	11:00	12:00	13:00
辐射量/（W/m²）	351	440	565	810	951	998
流量/（m³/h）	0.58	0.83	1.30	2.96	3.93	4.12
时间/h	14:00	15:00	16:00	17:00	18:00	
辐射量/（W/m²）	1002	957	806	550	316	
流量/（m³/h）	4.14	3.95	2.93	1.22	0.52	

示范点7月份太阳辐射量为704.18W/m²，日提水量为26.48m³，光伏提水机组全月总提水量可达820m³。7月份太阳辐射量和流量日变化情况如图8-24所示。

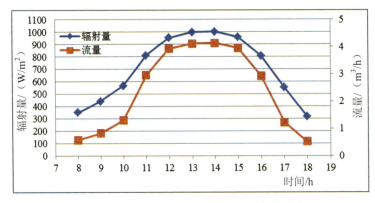

图8-24　7月份太阳辐射量和流量日变化曲线

（2）450W 光伏提水机组 8 月份野外试验。光伏提水机组 8 月份逐时提水量见表 8-15。

表 8-15　8 月份逐时太阳辐射量及流量

时间/h	8:00	9:00	10:00	11:00	12:00	13:00
辐射量/（W/m²）	326	415	540	750	910	973
流量/（m³/h）	0.52	0.79	1.19	2.51	3.79	4.01
时间/h	14:00	15:00	16:00	17:00	18:00	
辐射量/（W/m²）	941	887	755	544	311	
流量/（m³/h）	3.90	3.65	2.52	1.21	0.49	

示范点 8 月份太阳辐射量为 668.36W/m²，日提水量为 24.58m³，光伏提水机组全月总提水量可达 761.98m³。8 月份太阳辐射量和流量日变化情况如图 8-25 所示。

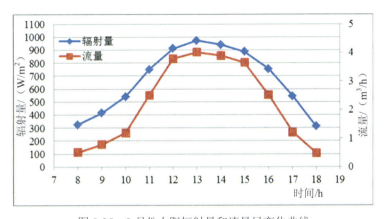

图 8-25　8 月份太阳辐射量和流量日变化曲线

（3）450W 光伏提水机组 12 月份野外试验。光伏提水机组 12 月份逐时提水量见表 8-16。

表 8-16　12 月份逐时太阳辐射量及流量

时间/h	8:00	9:00	10:00	11:00	12:00	13:00
辐射量/（W/m²）	0	352	521	736	880	926
流量/（m³/h）	0	0.59	1.19	2.6	3.59	3.88
时间/h	14:00	15:00	16:00	17:00	18:00	
辐射量/（W/m²）	893	716	628	389	0	
流量/（m³/h）	3.7	2.26	1.66	0.68	0	

示范点 12 月份太阳辐射量为 549.18W/m²，日提水量为 20.15m³，光伏提水机组全月总提水量可达 604m³。12 月份太阳辐射量、流量日变化情况如图 8-26 所示。

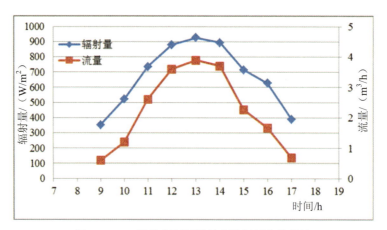

图 8-26　12 月份太阳辐射量和流量日变化曲线

示范点在 7、8、12 月份的日提水量为 20m³ 以上，满足人畜饮水的要求。

3. 供水保证率计算

全年最大需水日供水保证率按式（8-6）计算，风光互补供水保证率为 92.3%，可满足全年的供水要求。

8.4.4　新型户外变频控制器保温柜

风能、太阳能提水设备广泛应用于无常规能源的高、寒、荒偏远地区，且多置于野外，在冬季，设备常常会出现严重冻损现象，尤其是作为提水设备唯一电器部分的变频器，成为主要冻损部分。当气温达到-10℃以下时，变频器不能正常启动，同时存在内部元器件损坏的情况，目前，对变频器采取的防冻措施主要是由加装棉套或其他材料包裹，但这种保温方式落后，仍会出现冻损现象。

针对风能、太阳能提水设备变频控制器的防冻，开发新型防冻设备，分析设备防冻效果，为风能、太阳能提水机具大范围、全天候供水提供依据，对改善风能、太阳能提水机具的可靠性具有重要作用，对提高无常规能源偏远地区的供水方便程度具有重要意义。

8.4.4.1　工作原理及功能

新型户外变频控制器保温柜保证风能、太阳能提水变频控制器能在低温条件下正常供水，同时高温或正常温度条件下可散热的一种光伏提水变频控制器防冻系统。

1. 技术方案

户外变频控制器保温柜，其包括柜体和风光互补发电装置；柜体上设有柜门，柜体侧壁上设有散热窗，散热窗上设有电动闭风装置，柜体内设有温度控制开关和变频器，柜体内壁上设有电加热器。

电动闭风装置的输入端与变频器的输出端电连接；风能、太阳能发电装置的输出端与电加热器和温度控制开关串联组成闭合回路。

风能、太阳能发电装置包括有风力发电机、太阳能光伏组件、风光互补发电、控制器，风力发电机、太阳能光伏组件或风光互补发电的输出端与控制器输入端电连接，控制器输出端与电加热器和温度控制开关串联组成闭合回路。

电动闭风装置为电动百叶窗，电动闭风装置包括滑道、闸板和电磁铁；散热窗两侧对称竖直设有两条滑道，滑道内上下滑动设有闸板；在闸板上方的柜体内壁上设有电磁铁；电磁铁与变频器的输出端电连接；闸板采用非金属材质制成，在电磁铁下方对应的闸板顶部固定设有金属片。

2. 总体结构

如图 8-27 所示，新型户外变频器保温柜，其包括柜体 1 和风能太阳能发电装置 8；在柜体 1 上设有柜门 2，柜体 1 内壁布置有保温层，在柜体 1 侧壁上设有散热窗 3，在散热窗 3 上设有电动闭风装置 4，在柜体 1 内设有温度控制开关 5 和变频器 6，在柜体 1 内壁上设有电加热器 7；风光互补发电装置 8 包括有风力发电机 8.1、太阳能光伏组件 8.2、控制器 8.3，风力发电机 8.1 和太阳能光伏组件 8.2 的输出端与控制器 8.3 输入端电连接。

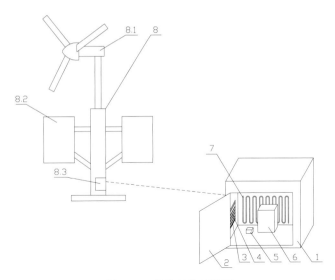

图 8-27　整体结构示意图

如图 8-28 所示，控制器 8.3 输出端与电加热器 7 和温度控制开关 5 串联组成闭合回路。

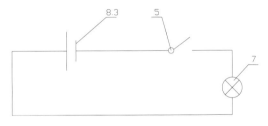

图 8-28　电路示意图

如图 8-29 所示，电动闭风装置 4 为电动百叶窗 9，电动百叶窗 9 的输入端与图 8-27 中的变频器 6 的输出端电连接。

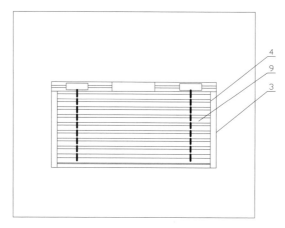

图 8-29　电动百叶窗安装示意图

如图 8-30 所示，电动闭风装置 4 包括滑道 4.1、闸板 4.2 和电磁铁 4.3；在散热窗 3 两侧对称竖直设有两条滑道 4.1，在滑道 4.1 内上下滑动设有闸板 4.2；在闸板 4.2 上方的柜体 1 内壁上设有电磁铁 4.3，电磁铁 4.3 与图 8-27 中的变频器 6 的输出端电连接；闸板 4.2 采用非金属材质制成，在电磁铁 4.3 下方对应的闸板 4.2 顶部固定设有金属片 4.4。

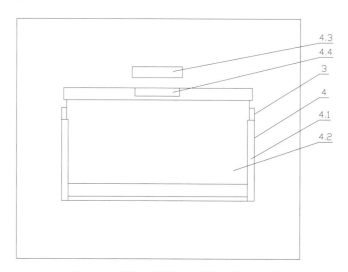

图 8-30　滑道、闸板、电磁铁安装示意图

3. 工作原理

当柜体 1 内的温度低于温度控制开关 5 设定值下限时，温度控制开关 5 闭合，由风能、太阳能发电装置 8 产生的电能直接供给电加热器 7，为柜体 1 内部加热，进而对装设于柜体 1 内的变频器 6 起到防冻保温作用。当柜体 1 内的温度高于温度控制开关 5 设定值上限时，

温度控制开关 5 断开，电加热器 7 停止加热，温度控制开关 5 的设定值为-10～10℃。当保温柜内的变频器 6 通电开始工作时，与变频器 6 的输出端电连接的电动闭风装置 4 启动，散热窗 3 打开，实现保温柜自动散热的功能；当变频器 6 停止工作时，电动闭风装置 4 随之断电停止工作，自动关闭散热窗 3，进而达到在冬季为变频器 6 防冻保温的目的。

4. 小结

户外变频控制器保温柜，利用风能、太阳能发电装置发出的电能无需存储到蓄电池组中，直接通过控制器输送到电加热器，为柜体内部加热，进而对装设于柜体内的变频器起到防冻保温作用，保证柜体内的变频器在冬季可以正常工作；加热系统启动温度为-10℃以下，加热持续温度为 10℃，加热断开温度为 20℃；通过变频器的启停同步控制电动闭风装置的启闭，进而控制散热窗的开闭，实现保温柜自动散热的功能。

8.4.4.2 材料与方法

1. 试验设备

主要试验设备包括：

（1）风冷式冷冻箱。冷冻箱型号为 TF-LK40-4000LA，主要技术参数为：

1）电源采用 380V 工频电源，并应有可靠的接地安全措施。

2）系统采用风冷方式，安装方便。

3）温度显示、控制为 LED 数字型，温度控制范围-40±4℃。

4）产品使用环境温度-10～40℃。

5）箱体尺寸为 1.5m×1.5m×1.8m，整机功率为 5kW。

（2）纽扣式温度记录仪。纽扣式温度记录系统由纽扣式温度记录仪、读卡器、PC 软件三部分组成，为完整芯片级温度记录系统。

纽扣式温度记录仪是一个封装在直径为 16mm 的不锈钢外壳内的芯片级温度记录仪，主要技术指标包括：

1）测温范围：-80～85℃（最高可达 125℃）。

2）测量精度：±1℃（最高可±0.5℃）。

3）分辨率：0.5℃（有 0.125℃、0.0625℃可选择）。

4）存储点数：2048 点（最高存储量 8192 点）。

5）电池寿命：5～10 年。

6）破坏实验：经过磨损测试，具有 10 年的使用寿命。

（3）自限温伴热带（简称 SHD）。电加热器采用 DXW-12J 型自限温伴热带，它是新一代唯一带状恒温电加热器。其发热原件的电阻率具有很高的正温度系数 PTC（Positive Temperature Coefficient）且相互并联，主要技术指标：

1）温度范围：自限工作温度 75±5℃，最高承受温度 105℃。

2）施工温度：最低-40℃，最佳施工温度为0℃以上。

3）热稳定性：通断各1000次，连续30天，电缆发热量维持在90%以上。

4）弯曲半径：20℃室温时为12.7mm，-30℃低温时为35.0mm。

5）绝缘阻：电缆长度100m，室温20℃时用1000VDC在屏蔽层与导电线芯之间摇试1分钟，绝缘电阻最小值为20MΩ。

6）工作电压指220V，交直流两用，低电压产品，不得在高电压条件下应用。

7）启动电流在10℃常温情况下≤0.55A·m^{-1}。

8）10℃时标称功率为25W·m^{-1}。

（4）变频控制器、风光提水设备、及温度控制开关均为市场通用设备。

2. 试验设计

试验于2017年3月—2018年3月进行，主要以室内试验为主、以野外测试为辅，试验对象为户外变频控制器保温柜，保温柜内放置温度记录仪，将保温柜放置于冷冻箱内，保温柜通过电缆及冷冻箱预留孔与外部电源连接；利用冷冻箱模拟低温条件，分为-10℃、-20℃、-30℃、-40℃四个水平进行试验。试验过程中，保温柜放置于冷冻箱内，当冷冻箱温度达到试验水平时，SHD通电开始加温保温柜，分析保温柜内部温度变化及变频控制器的启闭情况。

3. 传热模型建立与求解

本项目主要研究保温柜在特定外部环境温度下的保温效果，其传热过程可简化为一维稳态传热。根据能量守恒定律有：

$$\Phi_j = \Phi_f + \Phi_r \tag{8-16}$$

式中：Φ_j——保温柜加热热流量，W；

Φ_f——对流传热热流量，W；

Φ_r——辐射热流量，W。

（1）导热过程分析。

1）导热模型建立。根据能量守恒定律和傅里叶定律建立物体温度场变化关系式的导热微分方程，同时确定导热系数为常数：

$$\frac{\partial t}{\partial \tau} = a\left(\frac{\partial^2 t}{\partial^2 x} + \frac{\partial^2 t}{\partial^2 y} + \frac{\partial^2 t}{\partial^2 z}\right) + \frac{\overline{\Phi}}{\rho c} \tag{8-17}$$

式中：x、y、z——坐标轴方向的分热流量，J；

t——温度，℃；

ρ——密度，kg·m^{-2}；

c——比热容，J·kg^{-1}·K^{-1}；

τ——时间，s；

$\overline{\Phi}$——内热源生产热量，$W \cdot m^{-3}$；

$a = \lambda / \rho c$——热扩散系数，$m^2 \cdot s^{-1}$。

对式（8-17）进行常物性、降维简化，时间 τ 取定值为 50min，本文可简化为一维稳态导热过程：

$$\begin{cases} \dfrac{\partial^2 t}{\partial^2 x} = \overline{\Phi} \\ x = 0, t = t_1; x = \delta_1 + \delta_2, t = t_3 \end{cases} \tag{8-18}$$

式中：δ_1、δ_2——分别为保温层、外壁厚度，m；

t_1、t_3——分别为保温柜内、外壁温度，℃。

保温柜内部温度维持为 t_1 时伴热带所需加热功率分析。以保温柜作为一个热源，其与外界环境传热方式为大空间自然对流传热与辐射传热。

2）导热过程求解。保温柜柜体传热方式以导热为主，其导热热阻为：

$$R = \frac{\delta_1}{\lambda_1} + \frac{\delta_2}{\lambda_2} \tag{8-19}$$

式中：R——导热热阻，$m^2 \cdot K \cdot W^{-1}$；

λ_1——分别为保温层，$W \cdot m^{-1} \cdot K^{-1}$；

λ_2——外壁导热系数，$W \cdot m^{-1} \cdot K^{-1}$。

导热热流量为：

$$\Phi_d = \frac{A(t_1 - t_3)}{\dfrac{\delta_1}{\lambda_1} + \dfrac{\delta_2}{\lambda_2}} \tag{8-20}$$

式中：Φ_d——导热热流量，W。

（2）对流传热过程分析。

1）对流传热模型建立。保温柜各面与外界环境传热方式为大空间自然对流传热，其传热控制方程为：

$$\begin{cases} u\dfrac{\partial u}{\partial x} + v\dfrac{\partial u}{\partial y} = ga_v\theta + v\dfrac{\partial^2 u}{\partial y^2} \\ u\dfrac{\partial t}{\partial x} + v\dfrac{\partial t}{\partial y} = \dfrac{\lambda}{\rho c_p}\left(\dfrac{\partial^2 t}{\partial x^2} + \dfrac{\partial^2 t}{\partial y^2}\right) \end{cases} \tag{8-21}$$

式中：u——流体运动黏度，$kg/(m \cdot s)$；

v——流体动力黏度，m^2/s；

g——重力加速度，m/s^2；

a_v——体积膨胀系数，$\alpha_v = 1/T$，(K^{-1})；

θ —— 温压，$\theta = T - T_\infty$；

c_p —— 定压比热容，$J \cdot kg^{-1} \cdot K^{-1}$。

应用相似原理及量纲分析法，引入无量纲数 Nu、G_r、P_r，则上式简化为对流传热准则方程式：

$$Nu = f(G_r, P_r) \tag{8-22}$$

其中努赛尔数 $Nu = \dfrac{hl}{\lambda}$，表征对流换热强度；格拉晓夫数 $G_r = \dfrac{g\alpha_v \Delta t l^3}{v^2}$，浮升力与黏性力之比的一种度量；普朗特数 $P_r = \dfrac{\mu c_p}{\lambda} = \dfrac{v}{a}$，动能扩散能力与热能扩散能力的一种度量。

2）对流传热过程求解。保温柜四周壁面与环境换热形式属于均匀壁温边界条件的大空间自然对流，符合以下实验关联式：

$$Nu_m = C(G_r P_r)_m^n \tag{8-23}$$

式中：下角标 m 表示定性温度采用边界层的算术平均温度 $t_m = (t_3 + t_\infty)/2$。无量纲数 G_r 数中的 Δt 为 t_3 与环境温度 t_∞ 之差，系数 C 与指数 n 根据表 8-17 选取。

表 8-17　参数 C、n 取值

流态	C	n	G_r 适用范围
层流	0.59	1/4	$1.43 \times 10^4 \sim 3 \times 10^9$
过渡	0.0292	0.39	$3 \times 10^9 \sim 2 \times 10^{10}$
湍流	0.11	1/3	$> 2 \times 10^{10}$

保温柜上表面壁面与环境换热形式符合以下关联式：

$$Nu = 0.54(G_r P_r)^{1/4}, \quad 10^4 \leqslant G_r P_r \leqslant 10^7$$
$$Nu = 0.15(G_r P_r)^{1/4}, \quad 10^7 \leqslant G_r P_r \leqslant 10^{11} \tag{8-24}$$

保温柜下表面壁面与环境换热形式符合以下关联式：

$$Nu = 0.27(G_r P_r)^{1/4}, \quad 10^5 \leqslant G_r P_r \leqslant 10^{10} \tag{8-25}$$

式（8-24）、式（8-25）的定性温度为 $(t_3 + t_\infty)/2$，特征长度为：

$$L = A_p / P \tag{8-26}$$

式中：L —— 特征长度，m；

　　　A_p —— 平板的换热面积，m^2；

　　　P —— 平板的周界长度，m。

对流传热热流量为：

$$\Phi_f = A(t_3 - t_\infty)Nu\frac{\lambda}{l} \qquad (8\text{-}27)$$

式中： Φ_f ——对流传热热流量，W；

A_f ——对流传热面积，m^2；

l ——对流传热特征长度，m。

（3）辐射传热过程分析。保温柜与大空间辐射传热量按下列公式计算：

$$\Phi_r = \varepsilon_1 A_1 \sigma (T_3^4 - T_\infty^4) \qquad (8\text{-}28)$$

式中： Φ_r ——辐射传热量，W；

ε_1 ——保温柜外壁发射率，%；

A_1 ——外壁面积，m^2；

σ ——玻尔兹曼常数，$W \cdot m^{-2} \cdot K^{-1}$，其值为 5.67×10^8；

T_3、T_∞ ——分别为外壁与环境的热力学温度，K。

（4）迭代求解。柜体长 0.5m、宽 0.3m、高 0.4m；外壁厚度为 0.001m 的不锈钢材料；保温层为硬泡沫塑料，其导热系数为 $0.45 W \cdot m^{-1} \cdot K^{-1}$，厚度为 0.02m；柜体内部温度 T_1 维持在 10℃。

1）首先初设保温柜外壁温度 t_3，确定边界特征温度 t_m，确定空气在 t_m 下热物理性质，计算出柜体与外界的传热量 $\Phi_f + \Phi_r$。

2）然后计算出导热外壁温度 t_3'，计算 t_3 与 t_3' 的误差。

3）若 t_3 与 t_3' 误差大于 1%，则重新选取柜外壁温度为 $(t_3 + t_3')/2$，重复第一步与第二步，直至误差小于 1%，迭代终止。不同环境温度下的求解计算结果见表 8-18。

表 8-18　传热量计算表

$T_\infty / ℃$	$T_3 / ℃$	$T_m / ℃$	Φ_d / W	Φ_f / W	Φ_r / W
-40	-26.6	-33	77.41	38.16	39.37
-30	-20.3	-25	64.08	32.80	31.50
-20	-12.2	-16	46.95	19.00	28.20
-10	-4.9	-7	31.51	11.06	20.36

4）SHD 长度计算：

$$L = \Phi_d \cdot \Phi_Z^{-1} \qquad (8\text{-}29)$$

式中：L ——SHD 长度，m；

Φ_Z ——SHD 标称功率，$W \cdot m^{-1}$。

SHD 长度计算详见表 8-19。

表 8-19   SHD 长度计算表

$T_\infty/°C$	-40	-30	-20	-10
L/m	3.10	2.56	1.88	1.26

如图 8-31 所示，当箱体温度保持在 10℃时，SHD 长度与环境温度呈线性关系，温度越低，SHD 的长度越长，线性模型为：

$$L = -0.062T_\infty + 0.65 \qquad (8\text{-}30)$$

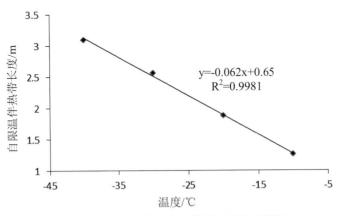

图 8-31   SHD 长度与环境温度线性关系图

（5）模型检验。针对建立的传热模型，进行验证，试验对-45℃、-35℃、-25℃、-15℃、-5℃五个温度情况下模型计算的 SHD 长度进行加热试验，验证保温箱温度保持 10℃时，冷冻柜降温的相应温度，当保温箱不能保持 10℃时的冷冻柜温度即是 SHD 最低温度，测定结果详见表 8-20。

表 8-20   实测值与模拟值

SHD 长度/m	实测值	模拟值
3.44	-44.2	-45
2.82	-34.5	-35
2.2	-23.9	-25
1.58	-14.3	-15
0.96	-4.2	-5

模拟值与实测值的吻合程度采用标准差（Standard Deviation，SD）定量表示：

$$SD = \sqrt{\frac{1}{N}\sum_{i=1}^{N}\left(Y_i - \hat{Y}_i\right)^2} \qquad (8\text{-}31)$$

式中：Y_i——观测值；

$\hat{Y}_i$——模拟值；

N——观测样本数；

i——样本号。

由实测值与模拟值对比可知，实测值与模拟值拟合较好，计算 $SD=0.804$，精度较高，说明模型模拟结果合理可靠。

8.4.4.3 结果与分析

1. 加热过程分析

根据模型计算-40℃、-30℃、-20℃、-10℃温度情况下 SHD 长度 L 为 3.10m、2.56m、1.88m、1.26m 进行加热试验分析效果。

由图 8-32 可知，SHD 不同长度加热至 0 摄氏度所需时间基本在 15～20min，加热至 10℃所需时间为 40～50min，模型模拟定值时间为 50min，试验加热时间均略小于模拟定值时间，说明模型模拟计算合理。加热过程中 0～10℃是加热时间较长，0℃以下加热时间较短；环境温度越低，SHD 越长升温越快，环境温度越高，SHD 越短升温越慢。

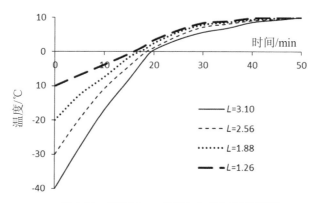

图 8-32 不同 SHD 长度与加热时间关系图

2. 防冻效果试验分析

实际应用中，箱体只能有 1 个 SHD 长度，根据野外温度情况设定环境温度为-25℃，SHD 长度为 2.2m。SHD 长度与加热时间关系如图 8-33 所示。

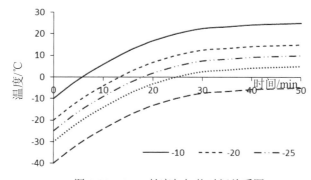

图 8-33 SHD 长度与加热时间关系图

当 SHD 长度为 2.2m 时，环境温度加热至-10℃、0℃、10℃时需要的时间见表 8-21。

表 8-21　L=2.2m 时加热时间表

环境温度	加热至-10℃所用时间/min	加热至 0℃所用时间/min	加热至 10℃所用时间/min
-10℃	-	6	13
-20℃	7	14	25
-25℃	9	18	50
-30℃	13	25	-
-40℃	24	-	-

设备正常工作温度区间为-10～10℃，当 SHD 长度为 2.2m 时，加热时间 25min，可满足环境温度在-40～-10℃时保温柜的温度要求。

3. 小结

研究针对风能、太阳能提水变频控制器冬季低温条件下易冻损的实际应用问题，研发了户外变频控制器保温柜，得出以下主要结论：

（1）通过保温柜原理、技术、结构的分析，完成了户外变频控制器保温柜的设计开发。

（2）建立加热模型并进行求解分析计算，明确 SHD 长度与环境温度的线性模型为 $L = -0.062T_\infty + 0.65$，试验验证显示标准差 0.804，精度较高，说明模型模拟结果合理可靠。

（3）模型模拟和试验验证分析显示，确定 SHD 长度为 2.2m，加热时间为 25min，是符合保温柜实际应用需求的理想加热模式。

8.4.5　储能式太阳能供水设备

8.4.5.1　储能式太阳能供水设备工作原理与集成

1. 工作原理

储能式太阳能提水系统利用提水控制器向蓄电池充电，同时控制蓄电池稳定输出电能驱动光伏水泵进行提水。

2. 设备集成

储能式太阳能供水模式主要由以下部分组成：光伏电池板、支架、基础、控制系统、光伏提水专用水泵、蓄电池、输水管线、用水终端、安全防护网等。各组成部分主要作用与太阳能浅井供水模式相同，蓄电池主要为蓄电储能作用。系统示意图如图 8-34 所示。

3. 适用性

太阳能蓄电池供水模式主要适用于小于 60 m 深的水源井类型，水量充足，水源井越深，需要蓄电池容量越大，造价越高。主要缺点是蓄电池更换频率高，成本大，废旧电池处理对环境影响较大，不可利用较深水源井，管理维护要求较高。主要优点为提水设备在光线不充足时或夜间也能使用，用水方便程度较高。

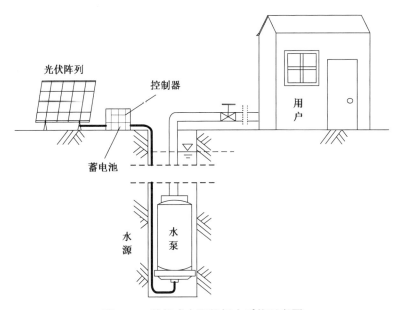

图 8-34　储能式太阳能提水系统示意图

8.4.5.2　储能式太阳能提水系统参数设计

机井井深：30m；

光伏阵列容量：800W；

蓄电池组电压：48V；

蓄电池容量：600Ah；

扬程：58m；

日提水量：18m³。

（1）光伏阵列最大提水功率为：

$$N_{cnf} = \frac{Q_{max}}{3600} \rho g H = 245W$$

（2）光伏提水系统水泵峰值功率为：

$$N_{cnb} = \frac{N_{zf}}{k_1 k_2 k_3} \tag{8-32}$$

式中：k_1——流量修正系数，由于 $Q_{max} < 10m^3/h$，取 0.70；

　　　k_2——提水机具型式修正系数，本系统采用离心泵，取 0.85；

　　　k_3——电力传动形式修正系数，本系统采用直流传动，取 0.9。

故 $N_{cnb} = \dfrac{245}{0.7 \times 0.85 \times 0.9} = 458W$，水泵配套功率选取 450W。

（3）光伏阵列容量为：

$$N_{cn} = \frac{k_5 N_{cbf}}{k_4} \tag{8-33}$$

式中：k_4——太阳能资源修正系数，示范点太阳能年总辐射量小于 1400kW·h/(m²·a)，取 0.7；

k_5——光伏阵列跟踪方式修正系数，本系统采用单轴跟踪式，取 1.2。

故 $N_{cn} = 450 \div 0.7 \times 1.2 = 771W$，阵列装机容量取整为 800W。

光伏支架倾角为 30°，由于装机容量小，支架数设计为 1。

（4）蓄电池容量计算。为满足供水保证率，设计连续 7 天阴雨时间，每天满负荷提水时间为 4.5h 计算蓄电池容量 N_{xd}。$N_{xd} = 450 \times 3 \times 4.5 = 6075W \cdot h$，即 600Ah。

8.4.5.3 储能式太阳能设备集成示范试验及效果

1. 800W 储能式太阳能提水机组充电特性的分析

实验过程通过测量辐照度、充电电流、电压来分析不同辐照度下充电特性，7 月平均辐射量测试结果详见表 8-22，平均辐射量测试曲线如图 8-35 所示。

表 8-22 800W 储能式太阳能提水机组 7 月平均辐射量测试

时间/h	0	1	2	3	4	5	6	7	8	9	10	11
辐射量/（W/m²）	0	0	0	0	0	32	150	339	561	730	857	921
时间/h	12	13	14	15	16	17	18	19	20	21	22	23
辐射量/（W/m²）	936	904	795	659	466	256	115	15	0	0	0	0

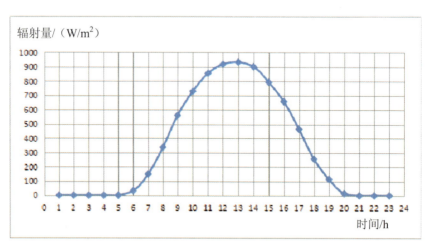

图 8-35 800W 储能式太阳能提水机组 7 月平均辐射量测试曲线图

800W 储能式太阳能提水机组 7 月平均充电特性测试结果详见表 8-23 和图 8-36，电池最大充电电压达 58V，电池电压不再升高，此时为充满状态，充电电流与辐射量增长趋势一致，表明光伏阵列容量与蓄电池容量相匹配。

表 8-23　800W 储能式太阳能提水机组 7 月平均充电特性测试

时间/h	7	8	9	10	11	12	13	14	15	16	17
充电电流/A	2	4.24	6.02	7.3	7.94	8.06	7.92	7.36	5.82	3.82	1.66
充电电压/V	53	53.5	54	54.5	55.2	56	56.9	57.7	57.9	58	58

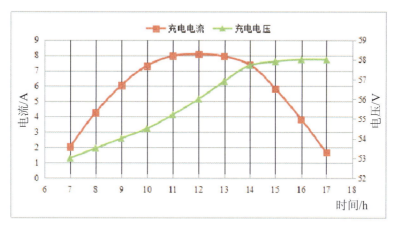

图 8-36　800W 储能式太阳能提水机组 7 月平均充电特性测试图

2. 供水保证率计算

800W 储能式太阳能提水机组供水保证率为 98.3%，可满足全年的供水要求。

8.5　筒井防冻技术

8.5.1　试验与分析

高寒牧区牧民居住分散，水资源缺乏，在部分偏远牧区和缺水农区，饮用水源仍然是传统的筒井，井深、静水位埋深比较浅，同时高寒牧区冬季寒冷且漫长，多数地区冷季长达 3 个月到半年之久，局部地区最低温度达到-40℃，因而在寒冷的冬季筒井经常因水位较浅、温度持续过低、缺乏可靠有效的防冻设施而冻结（现阶段主要以被动式防冻为主，如在井周围包裹保温材料、增高筒井井高、在筒井周围埋牛羊粪以降低热量损失等措施），继而无法使用。牧民不得不破冰取水，牲畜只得靠食雪解渴，因防冻设施的缺乏而造成水源井冰冻，给广大牧民生活生产及牲畜饮水带来极大的不便和安全隐患，不仅加重了牧民的生活负担，而且严重影响牧民生活生产和畜牧业的生产。

高寒牧区供水防冻技术研究不仅涉及牧区饮水安全问题，而且对提高牧区群众生活质量，改变牧区生活条件具有重要作用。同时对防止牲畜掉膘、提高牲畜体重、促进牧区畜牧业发展，增加牧民生产收入有着重要意义。

现阶段，专门针对浅层水源井的防冻研究很少。牧区浅层水源井防冻措施主要以传统的被动式防冻为主，即通过收缩井口、加盖、在井口周围包裹保温防冻材料和牛羊粪等方式进行被动式防冻。根据实际调查，采取上述的被动保温措施，在漫长寒冷的冬季，特别是遇到极端条件（-40℃），水源井依然会发生冻结现象，失去了供水功能。

1. 试验方法

通过野外实验得到了水源井在-26℃的温度场数据，为了获得极端条件（-40℃）下水源井温度场数据，需通过室内模拟的方法。为此，开展了如下研究：

（1）开展基于野外条件（温度）的室内模拟研究，并与实测数据进行对比分析，用于验证室内模拟方法的正确性和准确性。

（2）通过室内模拟的方法得到水源井在极端条件（-40℃）温度场分布规律。

（3）利用软件（ANSYS）模拟和室内模拟方法对比验证软件模拟的合理性，并基于软件模拟的数据设计出太阳能加热防冻系统参数。

（4）通过室内试验，验证该套太阳能加热系统在极端条件（-40℃）的防冻可行性。

2. 野外试验研究方法

野外试验以筒井为对象，测量方法采用一根定位钢丝，置于水源井底，高度上每隔 0.5m 设置一个 Pt100 测温探头，另设置一个探头用于气温的测量，共设置 17 个 Pt100 探头，测量了水源井内部温度分布情况。

3. 试验结果

试验筒井内部温度分布如图 8-37 所示。

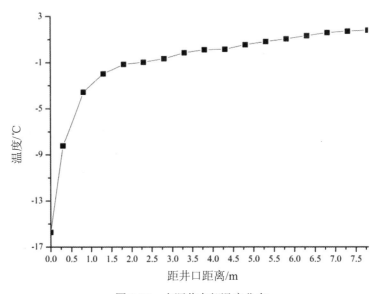

图 8-37 水源井内部温度分布

由图可知，在试验期内，水源井温度随着井深的增加而不断升高。根据温度升高率（$\Delta T / \Delta H$）变化，井内温度变化大体可以分为以下 3 个阶段。

第一阶段为"陡升区"，从距离井口 0.0～1.3m，此阶段温度升高率较快，温度从-15.7℃升高到-1.9℃，温度升高了 13.8℃，温度升高率为 10.58℃/m。

第二阶段为"缓升区"，从距离井口 1.3～1.8m，此阶段温度升高率趋缓，温度从-1.9℃升高到-1.1℃，温度升高了 0.8℃。

第三阶段从距离井口 1.8～7.8m，在此阶段内，温度升高率变化很小，温度从-1.1℃升高到 1.8℃，距离增加了 6m，温度仅仅升高了 2.9℃。

根据野外气象数据，试验期内当地最低温度为-26℃，未达到试验预期的极端温度条件（-40℃），因此，需要进行室内模拟研究水源井在极端条件下温度场分布规律。

8.5.2 室内模拟实验

1. 模型制作

根据相似理论。选择与野外试验条件一样的材料和制作相似模型。土层采用野外试验土层——栗钙土，即认为模拟试验采用原型材料，其中：

密度缩比：

$$C_\rho = \rho/\rho' = 1 \tag{8-34}$$

导热系数缩比：

$$C_\lambda = \lambda/\lambda' = 1 \tag{8-35}$$

比热容缩比：

$$C_C = C/C' = 1 \tag{8-36}$$

水的结冰潜热缩比：

$$C_\psi = \psi/\psi' = 1 \tag{8-37}$$

其中：ρ、ρ'——分别为工程原型和试验模型材料密度，kg/m³；

λ、λ'——分别为工程原型和试验模型材料导热系数，W/(m·℃)；

C、C'——分别为工程原型和试验模型材料比热容，kJ/(kg·℃)；

ψ、ψ'——分别为工程原型和试验模型岩土释放潜热，kJ/m³。

（1）几何缩比。考虑到试验条件、模型的加工制作以及试验的可实施性，为达到试验规模和试验精度要求，根据相似准则选择几何缩比为 9.3。经计算，模型水源井高度为 839mm，直径为 161mm，模型水源井选用水泥管，与试验水源井材料一致。

（2）温度缩比 C_t。根据柯索维奇准则可知：

$$\psi/(C\rho t) = \psi'/(C'\rho't') \quad \varphi/(C\rho t) = \varphi'/(C'\rho't') \tag{8-38}$$

$$C_t = t/t' \tag{8-39}$$

将式（8-34）～式（8-37）和式（8-39）代入式（8-38）得

$$\begin{cases} C\psi/(C_C C_\rho C_t)=1 \\ C_\phi/(C_C C_\rho C_t)=1 \end{cases} \tag{8-40}$$

式中：t、t'分别为工程原型和试验模型温度，℃。则有

$$C_t = t/t' = 1 \tag{8-41}$$

由 $C_t = 1$ 可知，工程原型与试验模型对应点的温度相同。

（3）时间缩比。根据傅里叶准则可知：

$$\begin{cases} \lambda\tau/(C\rho r^2) = \lambda'\tau'/(C'\rho'r'^2) \\ C_\tau = \tau/\tau' \\ C_r = r/r' \end{cases} \tag{8-42}$$

式中：τ、τ'——分别为工程原型和试验模型时间，s；

　　　r——工程原型长度，m；

　　　r'——试验模型长度时间材料导热系数，W/(m·℃)。

$C_\lambda C_\tau/(C_r^2 C_\rho)=1$；$C_\tau = C_r^2 = 86.5$。其中：$C_\tau$ 为时间缩比；C_r 为几何缩比。

试验水源井模型如图 8-38 所示。

图 8-38　试验水源井模型

2. 室内模拟方案设计

室内试验在低温箱内（上海田枫：TF-LK40-4000LA）进行。低温箱内温度范围为-44～40℃。

边界条件相似。根据 $C_t = 1$ 可知，模拟试验中温度需与实际工程中的温度一样，因此要

对试验土层周围和底部用保温材料做好隔热保温，以保证温度边界条件的一致性。为此，在试验水源井周围和底部包裹了橡塑保温材料，同时在水源井底部沙土中，布设了加热电阻丝，用以保证底部边界条件的一致性。在水源井四周布设了测温探头，用以测量试验水源井周围和底部土层的温度。室内试验方案设计图如图 8-39 所示，试验布置如图 8-40 所示。经观察对比，在相同温度条件下，试验水源井边界温度与野外条件下相一致。

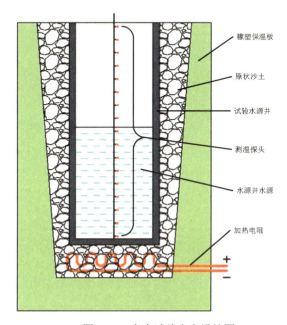

图 8-39　室内试验方案设计图

图 8-40　室内试验方案布置图

在水源井内部布设一根定位铁丝测量筒井内部温度，为了与野外试验数据进行对比，需要布设在相同位置，经计算，分别在距离井口 0cm、3.2cm、8.6cm、14cm、24.7cm、35.5cm、46.2cm、84cm 处（相对于野外 0.0m、0.3m、0.8m、1.3m、2.3m、3.3m、4.3m、7.8m），共计 8 处。

3. 对比分析

选取野外试验一典型日的水源井温度分布，结合相同条件下室内模拟温度分布，将二者的数据进行分析对比，经分析，二者数据基本相同，证明了试验水源井的尺寸、边界条件和野外试验是相一致的，证明了室内模拟的可靠性。

8.5.3 ANSYS 模拟研究

利用 ANSYS 对水源井对流传热模型进行模拟，首先做了几个假设：① 水源井底部温度为恒温场；② 忽略水源井与周围土壤的热传导，即忽略水源井沿水平轴向的热量损失，只考虑水源井竖直方向的热量损失；③ 将野外实测的边界和底部温度作为 ANSYS 模拟的边界条件。

1. 模拟模型

根据实际水井的几何尺寸，利用 UG 建立数值计算几何模型，如图 8-41 所示。

图 8-41 水源井计算模型（三维）

水井直径为 1.5m；浅蓝色表示空气，高度为 3.4m；深蓝色代表水的区域，高度为 4.4m；灰色为水泥井壁面，总高度为 7.8m；在水泥井壁上方有 2cm 厚的铁制井盖。因为实际水井结构为对称结构，温度分布可认为是对称分布，取实际结构的一半进行计算。

2. 模型初始条件和边界条件

根据室内极端条件下的温度设置，将初始温度设为 1℃，环境温度设为极端温度条件

（-40℃）。外界空气井盖以及暴露在空气中的水泥管道之间存在自然对流换热，对流换热系数根据文献设为 4.75W/m²℃。埋在地下部分的水泥外表面设为温度边界，根据野外实际测量数据，上半部分温度设为沿深度变化，底部根据室内模拟结果设为恒温 0.8℃，其他相互接触面为等温界面，即认为在管内空气、温度与内管壁交界面上的温度相等。上半部分井外壁温度设置如图 8-42 所示。

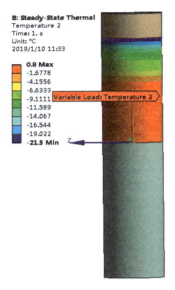

图 8-42　上半部分井外壁温度设置

3. 计算结果

计算了达到热平衡状态（稳态）时 12h 后的温度场，其中水源井中水温度值如图 8-43 所示。

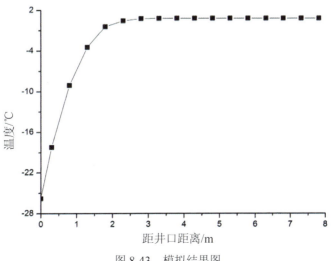

图 8-43　模拟结果图

4. 对比分析

ANSYS 模拟值与室内模拟实测值对比如图 8-44 所示。

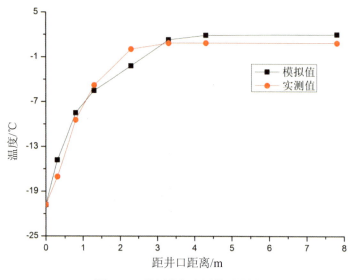

图 8-44 模拟值与实测值对比图

由图 8-44 可以看出，使用 ANSYS 模拟结果与野外实测数据及变化趋势基本相近，整体吻合性较好。其中，距井口 0.3m 处，模拟温度为-17.0℃，实测温度为-14.8℃，误差为 2.2℃；距井口 0.8m 处，模拟温度为-9.5℃，实测温度为-8.5℃，误差为 1.0℃；距井口 1.3m 处，模拟温度为-5.5℃，实测温度为-4.8℃，误差为 0.7℃；距井口 2.3m 处，模拟温度为-2.2℃，实测温度为 0.1℃，误差为 2.3℃；距井口 3.3m 处，模拟温度为 1.3℃，实测温度为 0.9℃，误差为 0.4℃；距井口 4.3m 处，模拟温度为 1.9℃，实测温度为 0.9℃，误差为 1.0℃；井底处，模拟温度为 2.0℃，实测温度为 0.9℃，误差为 1.1℃。

误差原因分析：

（1）由于野外气温未达到极端条件（-40℃），因此，没有极端条件下的水源井边界温度场分布数据，即井口边缘土壤温度和井底温度。在使用 ANSYS 进行边界条件设置时，使用野外实测获得的数据作为边界条件，该数据低于极端条件下边界数值，造成模拟结果与实测值有误差。

（2）水源井冻结主要受到气温的影响，但气温是一个不稳定且没有规律的变化过程，进行模拟过程中，很难做到气温相似条件模拟。

（3）在水源井冻结过程中，水源不仅与水源井中空气进行着热对流，还与周围的土壤进行着热传导。使用 ANSYS 进行模拟时，简化了传热模型，忽略了水源与周围土壤的热交换，只考虑了水与空气的热交换过程。因此，造成了模拟值与实测值的误差。

由以上可知，ANSYS 模拟结果与室内模拟结果相似度较高，可以作为参考依据。

5. 散热量计算

利用 ANSYS 计算该模型在 24h 内水源井散失的热量为 412.2J。因此，为了保证水源温度的稳定，设计的太阳能加热系统每日至少需要产生 412.2 J 的热量。

8.5.4　太阳能加热模拟及结果分析

1. 太阳能加热系统设计

由之前水源井温度场分析可知，在极端条件下，水源井温度变化分三个阶段，其中第一个阶段温度上升最快，该阶段位于距离井口 0.0～0.8m，因此如何有效提高该阶段的温度，对于提高水源井水面温度、防止水源井冻结有着重要的意义。

本项目利用螺旋状热电阻丝，通过太阳能直流电（无须转换交流电）带动电阻丝发热，产生热量，进而提高该段空气温度，同时为了防止热空气由于密度较冷空气小，向上流动继而流失，本文设计了类似"锅盖状"的保温罩，用于防治热空气的流失，在水源井内部上方形成隔热层，既提高该阶段水源井的温度，同时又可以减小水源与外界空气的热交换，进而防止水面温度大幅降低，达到防止水源冻结的目的。将电阻丝和保温罩布设在距离井口 0.06m 处，该保温罩外边为铁质，里边充满了橡塑保温材料，厚 5mm，直径与水源井直径相同，为 16.1cm，高为 6cm，如图 8-45 所示。

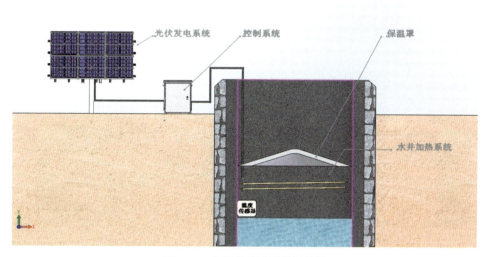

图 8-45　太阳能防冻系统设计图

2. 系统参数确定

试验采用功率为 110W 的光伏板，发热电阻丝为 30Ω，光伏板为固定式，朝向正南，试验地点位于包头市希拉穆仁草原，实地测量了 2018 年 10 月 28 日从 6:00 时至 17:30 时的电阻丝发热量，如图 8-46 所示。

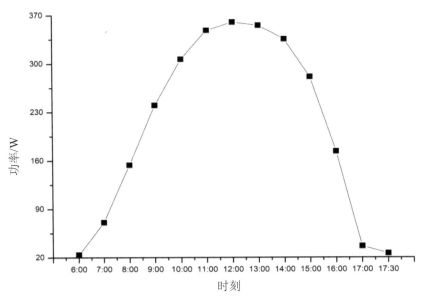

图 8-46　太阳能加热系统发热功率图

经 Oringin 拟合，拟合函数为 $P=-10.14t^2+183.14t-476$，R^2 为 0.95，拟合性较好。计算得一日间发热量为：$Q=\int_8^{16}(-10.14t^2+183.14t-476)=1659.52\text{J}$，由 110W 光伏板和 30Ω 电阻丝组成的发热系统一日间发热量为 1659.52J，远大于散热量 412.2J。因此，理论上该系统可以满足水源井的防冻需求。

3. 实验验证

（1）实验步骤。本文实验时采取以下实验工况：冻结期长 3 个月（从 11 月至来年 2 月）。以一整天为单位周期，观察水源井在整个冻结期的温度变化情况。在一天内（8:00 时至次日 8:00 时），加热期为 8h（冬季 8:00 时至 16:00 时），冻结期为 16h（16:00 时至次日 8:00 时）。

本水源井模型比例为 1:9.3，根据柯索维奇准则可知，$C_\tau=C_r^2=86.5$，即实验时间与实际时间缩比为 1:86.5。经计算，一整个冻结期实验时间为 25h。

因此，实验操作步骤为：将水源井置于（-40℃）低温箱中，第一步启动太阳能加热系统，运行 6min，然后关闭加热系统，冻结 12min。如此反复循环 25h，观察水源井水面是否冻结。

（2）实验结果。低温箱于 10:30 时开始工作，此时环境初始温度为-40℃，此时井口处温度为 1.8℃，水面处温度为 6.2℃，井底处温度为 7.8℃。水源井内温度场如图 8-47 所示。

经过 25h 的运行模拟后，水源井内温度如图 8-48 所示。

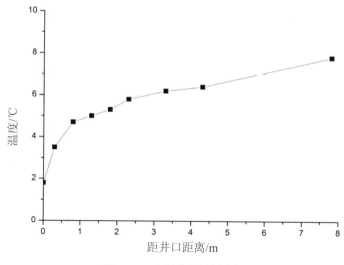

图 8-47　水源井初始温度场

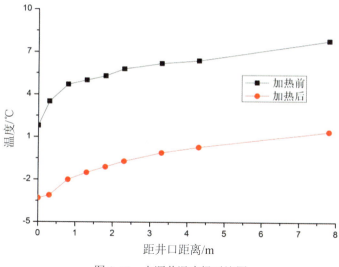

图 8-48　水源井温度场对比图

实验结果显示，经过一个冻结期，在加热系统工作下，3.3m 处温度为-0.1℃，水面处温度约 0℃，未发生冻结，达到了试验预期目标。相较于冻结前，水源井温度曲线变化平缓，尤其是 0.0m 与 0.3m 处的温差较加热前的 1.7℃变为 0.2℃。主要原因是部分热量损失由加热系统产生的热量所弥补，继而减少了该区域温度的降低，同时减小了水源井其余部分温度的下降，进而防止水源井的冻结。

8.5.5　小结

（1）水源井在野外条件下温度场变化呈"陡—缓—缓"三段式分布，"陡升区"位于距离井口 0.0～1.3m，温度从-15.7℃升高到-1.9℃，温度升高率为 10.58℃/m；"缓升区"位于距离井口 1.3~1.8m，温度升高率趋缓，温度升高率为 1.0℃/m；第三阶段位于距离井口 1.8~7.8m，温度升高率为 0.48℃/m。

（2）水源井温度场在极端条件下（-40℃）"陡升区"位于距离井口 0.0~0.8m，温度升高率为 15.75℃/m；第二阶段为"缓升区"，从距离井口 0.8~1.8m，温度升高率为 2.4℃/m；第三阶段从距离井口 1.8~7.8m，温度升高率为 0.43℃/m。

（3）经过一个冻结期（3 个月）的模拟，发现筒井内温度场明显降低，但在加热系统的工作下，0.0m 处温度下降有所变小，0.0m 与 0.3m 处的温差较加热前的 1.7℃变为 0.2℃，水面处温度约为 0.0℃，水面未发生冻结现象。

8.6　效益分析

8.6.1　经济效益分析

水利经济计算是从经济上对工程方案进行选优的依据，是研究水利工程建设是否可行的前提。新能源牧场供水工程的经济效益，是指兴建新能源牧场供水工程、改善供水条件、节约传统能源、合理供水从而提高经济效益。

新能源牧场供水主要是指风能、太阳能提水设备在牧场供水中的应用，目前新能源在牧场供水中的利用已得到示范推广，同时针对风能、太阳能提水系统的研究已有很多成果，但对牧场新能源供水经济效益的研究仍不显见。针对青海省现状提水与风能、太阳能及风光互补提水机具的经济效益和方便程度进行分析研究，利用效益分析的方法，对新能源提水系统与原有的内燃机动力提水系统进行经济效益比较，研究为新能源牧场供水提供依据，对改善牧场提水机具具有重要作用，对提高牧民生活水平、节约能源、保护草原生态环境具有重要意义。

1. 应用概况

太阳能提水模式示范点位于刚察县哈尔盖镇环仓秀麻村三社，本研究采用太阳能提水，配套逆变器驱动交流式水泵提水。现状采用汽油内燃机提水，5 户牧民，总需水量 24.56m³/d。

风光互补提水示范点位于刚察县伊克乌兰乡刚察贡麻村四社，本研究采用风光互补提水，配套逆变器驱动交流式水泵提水。现状采用汽油内燃机提水，2 户牧民，总需水量 21.98m³/d。

太阳能直流水泵集中点供水模式位于青海省刚察县伊克乌兰乡角什科秀麻村一社，本研究采用太阳能提水，配套直流式水泵提水。现状采用汽油内燃机提水，3 户牧民，试验点需水量为 20.22m³/d。

2. 一次性投资

（1）现状试验区牧户每户配备 1 台 2kW 的雅马哈 EF2600 汽油内燃发电机组、1 台 1 寸出水管小型水泵，根据调查市场报价分别为 0.32 万元和 0.06 万元。每户牧民需 1 台提水内燃机，一次性投资太阳能提水示范点内燃机投资 1.66 万元、风光互补提水试验点内燃机投资 0.7 万元、太阳能直流水泵示范点内燃机投资 1.02 万元。

（2）太阳能提水示范点总费用 3.33 万元（安装设备全部以到场价格计），其中 1.65kW 的太阳能板 0.825 万元、3 套支架 1.08 万元、1 台太阳能提水控制器 0.53 万元、1 台水泵 0.25 万元、200m 电线 0.12 万元、3 个混凝土地基 0.21 万元、50m 防护网 0.16 万元、人工安装费（3d）0.15 万元。各项费用组成详见表 8-24。

表 8-24　太阳能提水设备总费用　　　　　　　　　　单位：万元

太阳能板	支架	控制器	水泵	电线	混凝土地基	防护网	人工安装费	合计
0.83	1.08	0.53	0.25	0.12	0.21	0.16	0.15	3.33

太阳能提水机组是内燃机组一次性投资的 2 倍，但内燃机组使用年限 8 年，太阳能提水机组使用寿命 25 年，是内燃机组的 3.13 倍，但在 25 年的使用过程中需要更换 2 次水泵，每次 0.25 万元，追加投资 0.5 万元。

（3）风光互补提水试验点总费用 8.43 万元（安装设备全部以到场价格计），其中 2kW 的风力机组 2.66 万元、1.65kW 的太阳能板 0.825 万元、3 套支架 1.08 万元、1 台风光互补提水控制器 1.45 万元、1 台水泵 0.65 万元、800m 电线 0.48 万元、3 个混凝土地基 0.21 万元（加风力机基础 0.3 万元）、100m 防护网 0.32 万元、人工安装费（9d）0.45 万元，详见表 8-25。

表 8-25　风光互补提水设备总费用　　　　　　　　　　单位：万元

太阳能板	支架	控制器	水泵	电线	混凝土地基	防护网	人工安装费	风力机组	合计
0.83	1.08	1.45	0.65	0.48	0.51	0.32	0.45	2.66	8.43

风光互补提水机组是内燃机组一次性投资的 11.47 倍，但内燃机组使用年限 8 年，太阳能提水机组使用寿命 25 年，是内燃机组的 3.13 倍，但在 25 年的使用过程中需要更换水泵 2 次，每次 0.25 万元，追加投资 0.5 万元。

（4）太阳能直流水泵试验点总费用 0.87 万元（安装设备全部以到场价格计），其中 0.45kW 的太阳能板 0.225 万元、1 套支架 0.36 万元、1 台提水控制器 0.06 万元、1 台水泵 0.05 万元、30m 电线 0.02 万元、1 个混凝土地基 0.07 万元、10m 防护网 0.03 万元、人工安装费（1d）0.05 万元，详见表 8-26。

表 8-26　太阳能直流水泵提水设备总费用　　　　　　　　　单位：万元

太阳能板	支架	控制器	水泵	电线	混凝土地基	防护网	人工安装费	合计
0.23	0.36	0.06	0.05	0.02	0.07	0.03	0.05	0.87

太阳能直流水泵提水机组是内燃机组一次性投资的 0.85 倍，小于内燃机提水机组的投资，而太阳能提水机组使用寿命 25 年，是内燃机组使用年限 8 年的 3.13 倍，但在 25 年的使用过程中需要更换 2 次水泵，每次 0.05 万元，追加投资 0.1 万元。

3. 残值

内燃机使用后部分零部件还可以使用，新能源设备存在可回收的铁等，综合考虑到牧区的实际情况残值按总投资的 5%取值。

4. 年运行费

（1）使用费用。现状试验区牧户配备内燃机组抽水，3 个示范点总需水量分别为 24.56m³/d、21.98m³/d、20.22m³/d。内燃机提水花费油量 0.2L/m³，考虑当地油价和运输费后按 7.5 元/L 计，每日提水使用费用折合约 1.5 元/m³。各示范点内燃机提水费用详见表 8-27。

表 8-27　示范点内燃机提水费用计算

示范点	日供水量 / （m³/d）	耗油量 / （L/m³）	油料单价 /元	日费用 /元	天数 /日	使用费用 /万元
太阳能	24.56	0.2	7.5	36.84	365	1.34
风光互补	21.98	0.2	7.5	32.97	365	1.20
太阳能直流	20.22	0.2	7.5	30.33	365	1.11

新能源提水设备不存在使用费用。

（2）维护及管理费用。根据实际调查内燃机组使用年限平均每年每台内燃机检修费用 0.02 万元；内燃机组使用无管理费用。

新能源设备置于野外，易受到牛马等牲畜损坏的影响，虽有围栏防护但损坏现象常有发生。据国内经验，新能源提水每年维护 1 次，费用为 0.3 万元；管理费用为 0.1 万元。管理是新能源提水设施使用的关键，管理得当可大大降低维修费用，节约成本。

5. 经济效益分析

经济效益分析采用年费用最小法计算，施工在 1 年内完成，试用期内各年年运行费用相同，社会折现率采用《建设项目经济评价方法与参数》规定的 6%的统一标准，计算基准点选在运行期第一年年初，投资变为等年值进行比较。计算公式为：

$$AC = K \frac{i(1+i)^n}{(1+i)^n - 1} + C - K_{\text{L}} \frac{i}{(1+i)^n - 1} \qquad (8\text{-}43)$$

式中：AC——等年值，万元；

K——投资，万元；

C——年运行费，万元；

i——社会折现率，%；

n——使用寿命，年；

K_L——残值，万元。

追加投资部分进行折现计算，计算公式为：

$$P = F(1+i)^{-n} \tag{8-44}$$

式中：P——现值，万元；

F——终值，万元；

其他同上。

由表 8-28 可知，太阳能示范点提水折现后投资 0.66 万元/a，是内燃机组投资 1.7 万元/a 的 38.67%，节约费用 1.04 万元/a。风光互补提水折现后投资为 1.02 万元/a，是内燃机组投资 1.35 万元/a 的 75.64%，节约费用 0.33 万元/a。太阳能直流水泵提水折现后投资为 0.47 万元/a，是内燃机组投资 1.33 万元/a 的 35.15%，节约费用 0.86 万元/a。长期比较，新能源提水投资效益显著（未考虑经济增长带来的费用），新能源投资较内燃机一次性投资较大，但分摊到多个用水户后，一次性投资显著降低，甚至低于内燃机投资。

表 8-28　等年值计算表

编号	项目	太阳能试验点		风光互补试验点		太阳能直流试验点	
		方案 1	方案 2	方案 3	方案 4	方案 5	方案 6
		内燃机	太阳能	内燃机	风光互补	内燃机	太阳直流
1	一次投资	1.66	3.33	0.7	8.03	1.02	0.87
2	折现值		0.51		0.31		0.04
3	残值	0.08	0.19	0.04	0.42	0.05	0.05
4	使用寿命	8	25	8	25	8	25
5	年运行费	1.44	0.4	1.24	0.4	1.17	0.4
5.1	使用费用	1.34	0	1.2	0	1.11	0
5.2	维修费用	0.1	0.3	0.04	0.3	0.06	0.3
5.3	管理费用	0	0.1	0	0.1	0	0.1
6	A	0.161	0.078	0.161	0.078	0.161	0.078
7	F	0.101	0.018	0.101	0.018	0.101	0.018
8	等年值	1.70	0.66	1.35	1.02	1.33	0.47

示范点供水模式经济效益分析显示，太阳能直流水泵供水经济效益最高，其次是太阳能提水，而风光互补最低；风光互补提水的保证率最高，其次是太阳能提水和太阳能直流水泵提水；风光互补提水投资最大，其次是太阳能提水，而太阳能直流水泵最小。说明太阳能直流水泵提水优点较突出；其次是太阳能提水；风光互补提水由于风力机的造价较高、安装难度较大，优势不明显。

8.6.2　社会效益分析

本研究的技术成果完成后，可促进牧区的经济发展，提高当地人民生活水平，弥补青海省到 2020 年实现全面建设小康社会目标的短板，保证边疆安定构建和谐社会具有重要的社会效益。牧场供水技术对改变传统畜牧业的经营方式，实现划区轮牧保护草原生态具有重大的社会效益。同时现代化的牧场供水技术可把当地群众从提水、运水等繁重的劳动中解放出来，提高群众的生活质量。本研究一个示范点可解放 5 人劳动力，建成 3 处示范点，可解放 15 人劳动力。

本研究在研究过程中针对青海省牧区的现状，结合牧区未来经济的发展情况及牧业发展前景，在技术方案上重点突出可靠性、实用性。因为牧区地广人稀，技术欠发达，供水系统中尽量采用标准化、系列化，减少非标准设备的使用。在关键环节加大系统性的安全系数，提高系统的可靠性，克服在边远牧区不便修理、更换的困难。在关键技术上具有先进性和超越性，增加电子技术的应用，实现自动化或半自动化，适应牧区劳动力缺乏的社会现象。本研究整个实施后能够在未来 10 年以上充分发挥作用。

8.6.3　环境效益分析

3 处示范点日供水量 66.76m³/d，提水需要燃料 0.2L/m³，每日可节约燃料 13.35L，每年可节约 4873.5L，每升燃料 7.5 元/L，每日节余 100.14 元，年节余 3.66 万元。新能源提水机组是牧区供水实用性较强的机组，在 25 年的使用期中可节约 122m³ 的燃料，总节余 91.38万元。经济效益的分析比较为风能太阳能提水在牧区的推广提供依据，对改善牧区供水提水机具和保护草原生态环境具有重要意义。环境效益分析结果详见表 8-29。

表 8-29　环境效益分析表

示范点	日供水量/（m³/d）	耗油量/（L/m³）	日费用/元	年费用/万元	日燃料/L	年燃料/L
太阳能	24.56	0.2	36.84	1.34	4.912	1792.88
风光互补	21.98	0.2	32.97	1.20	4.396	1604.54

示范点	日供水量 /（m³/d）	耗油量 /（L/m³）	日费用 /元	年费用 /万元	日燃料 /L	年燃料 /L
太阳能直流	20.22	0.2	30.33	1.11	4.044	1476.06
合计	66.76		100.14	3.65	13.352	4873.48

研究显示，风能、太阳能提水设备的使用降低牧民提水费用和体力劳动，减少用水费用，提高提水方便程度，节约牧区燃料的使用，每年可节约燃油 4873.5L，相当于减少"二氧化碳"排放量 10.7t，新能源设备的使用具有较好的环境和社会效益。

第9章　技术应用与示范

9.1　高寒干旱农牧区供水工程安全评价技术体系的应用

9.1.1　青海省2017年饮水安全考核工作中的应用

2018年4月在青海省对各市州2017年饮水安全评价的考核工作中，参照研究提出的青海省农牧区饮水安全评价体系，修改完善了青海省2017年农牧区饮水安全巩固提升考核评价指标，根据本研究得到的各项指标权重，确定了各项考核指标的分值，并作为第三方评估单位对各市州2017年饮水安全巩固提升工作进行了评估考核，图9-1为饮水安全评价系统应用证明。

评估工作由青海省水利水电科学研究院有限公司组织，选取省内专家组成饮水安全考核评价专家组，专家组依据各市州上报的2017年度农牧区饮水安全巩固提升工作自评报告、佐证材料和年度任务完成情况，按照考核指标评分标准，从责任落实、建设管理、水质保障、运行机制四个方面17个指标，对各市州自评分开展再复核再评分工作。考核工作评价指标选取合理充分，达到了准确真实评价饮水安全巩固提升工程建设成效的目的。

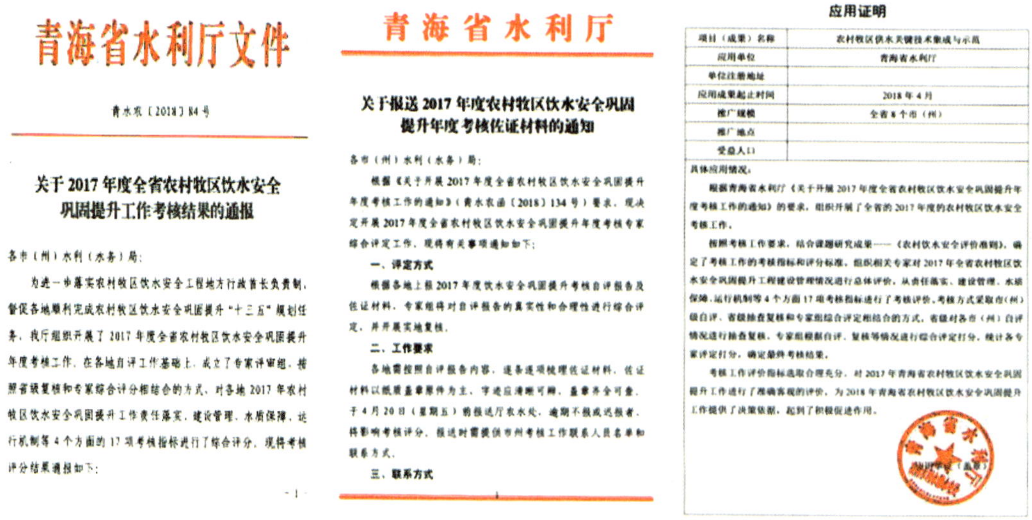

青海省水利厅文件

青水农〔2018〕84号

关于2017年度全省农村牧区饮水安全巩固提升工作考核结果的通报

各市（州）水利（水务）局：

为进一步落实农村牧区饮水安全工程地方行政首长负责制，督促各地顺利完成农村牧区饮水安全巩固提升"十三五"规划任务，我厅组织开展了2017年度全省农村牧区饮水安全巩固提升年度考核工作，在各地自评工作基础上，成立了专家评审组，按照省级复核和专家综合评分相结合的方式，对各地2017年农村牧区饮水安全巩固提升工作责任落实、建设管理、水质保障、运行机制等4个方面的17项考核指标进行了综合评分，现将考核评分结果通报如下：

- 1 -

青海省水利厅

关于报送2017年度农村牧区饮水安全巩固提升年度考核佐证材料的通知

各市（州）水利（水务）局：

根据《关于开展2017年度全省农村牧区饮水安全巩固提升年度考核工作的通知》（青水农函〔2018〕134号）要求，现决定开展2017年度全省农村牧区饮水安全巩固提升年度考核专家综合评定工作，现将有关事项通知如下：

一、评定方式

根据各地上报2017年度饮水安全巩固提升考核自评报告及佐证材料，专家组将对自评报告的真实性和合理性进行综合评定，并开展实地复核。

二、工作要求

各地需按照自评报告内容，逐条逐项梳理佐证材料，佐证材料以纸质盖章原件为主，字迹应清晰可辨，盖章齐全可查，于4月20日（星期五）前报送厅农水处，逾期不报或迟报者，将影响考核评分，报送时需提供市州考核工作联系人员名单和联系方式。

三、联系方式

应用证明

项目（成果）名称	农村牧区供水关键技术集成与示范
应用单位	青海省水利厅
单位注册地址	
应用成果起止时间	2018年4月
推广规模	全省8个市（州）
推广地点	
受益人口	

具体应用情况：

根据青海省水利厅《关于开展2017年度全省农村牧区饮水安全巩固提升年度考核工作的通知》的要求，组织开展了全省的2017年度的农村牧区饮水安全考核工作。

按照考核工作要求，结合课题研究成果——《农村饮水安全评价准则》，确定了考核工作的考核指标和评分标准，组织相关专家对2017年全省农村牧区饮水安全巩固提升工程建设管理情况进行总体评价，从责任落实、建设管理、水质保障、运行机制等4个方面17项考核指标进行了考核评价，考核方式采取市（州）级自评、省级抽查复核和专家组综合评定相结合的方式，省级对各市（州）自评情况进行抽查复核，专家组根据自评、复核等情况进行综合评定打分，统计各专家评定打分，确定最终考核结果。

考核工作评价指标选取合理充分，对2017年青海省农村牧区饮水安全巩固提升工作进行了准确客观的评价，为2018年青海省农村牧区饮水安全巩固提升工作提供了决策依据，起到了积极促进作用。

图9-1　饮水安全评价系统应用证明

9.1.2 形成团体标准《农村饮水安全评价准则》

在青海省农牧区饮水安全评价体系研究的基础上，针对全国不同地区农村的饮水安全评价的需求，开展了面向全国的《农村饮水安全评价准则》标准编制工作。为了兼顾全国其他省区的不同情况和实际水平，从前期确定的评价体系指标中选取了水量、水质、用水方便程度、供水保证率 4 项基本指标作为《农村饮水安全的评价准则》的主要评价指标。同时以青海省不同类型供水工程的调研情况为基础，根据集中式供水工程和分散式供水工程建设标准和要求的不同特点，对两种类型工程的评价标准分别作出了规定，形成了中国水利学会标准《农村饮水安全评价准则》，于 2018 年 3 月 29 日正式发布，自 2018 年 6 月 1 日起实施。评价标准和方法详见表 9-1。

表 9-1 农村饮水安全指标评价标准和方法

评价指标	评价标准	
	达标	基本达标
水量	对于年均降水量不低于 800mm 且年人均水资源量不低于 1000 m^3 的地区，水量不低于 60L/（人·d）；对于年均降水量不足 800mm 或年人均水资源量不足 1000 m^3 的地区，水量不低于 40L/（人·d）	对于年均降水量不低于 800mm 或年人均水资源量不低于 1000 m^3 的地区，水量不低于 35L/（人·d）；对于年均降水量不足 800mm 或年人均水资源量不足 1000 m^3 的地区，水量不低于 20L/（人·d）
水质	千吨万人供水工程的用水户，符合 GB 5749－2006 的规定；千吨万人以下供水工程及分散式供水工程的用水户，符合 GB 5749－2006 中农村供水水质宽限规定	对于当地人群肠道传染病发病趋势保持平稳、没有突发的地区，微生物指标中的菌落总数和消毒剂指标可不纳入评价指标；分散式供水工程用水户，无肉眼可见杂质、无异色异味、用水户长期饮用无不良反应
用水方便程度	水龙头入户（含小区或院子）或具备入户条件；人力取水往返时间不超过 10min，或取水水平距离不超过 400m、垂直距离不超过 40m	人力取水往返时间不超过 20min，或取水水平距离不超过 800m、垂直距离不超过 80m。牧区可用简易交通工具取水往返时间进行评价
供水保证率	≥95%	≥90%

注：4 项指标全部达标才能评价为安全；4 项指标中全部基本达标或基本达标以上才能评价为基本安全。只要有 1 项未达标或未基本达标，就不能评价为安全或基本安全。

2018 年 8 月，水利部、国务院扶贫办和国家卫生健康委员会正式发文采信《农村饮水安全评价准则》，在《水利部 国务院扶贫办 国家卫生健康委员会关于坚决打赢农村饮水安全脱贫攻坚战的通知》（水农〔2018〕188 号）中明确规定，各地可直接使用《农村饮水安全评价准则》开展农村饮水安全评价工作，也可因地制宜地制订适合本省实际的农村饮水安全评价准则或者细则，既不能降低标准也不要吊高胃口。

标准正式发布后在全国范围内进行了宣贯，同时被青海省水利厅直接应用在青海省农村饮水安全脱贫攻坚贫困人口饮水问题精准识别、制订实施方案和脱贫销号工作中，如图 9-2 所示。

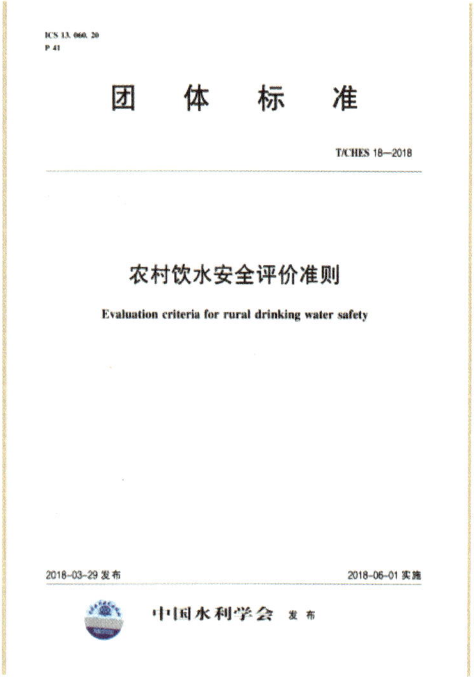

ICS 13.060.20
P 41

团 体 标 准

T/CHES 18—2018

农村饮水安全评价准则

Evaluation criteria for rural drinking water safety

2018-03-29 发布　　2018-06-01 实施

中国水利学会 发布

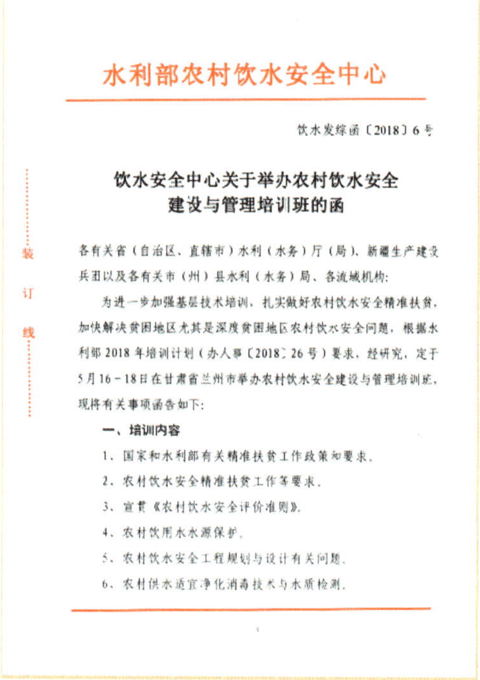

水利部农村饮水安全中心

饮水发综函〔2018〕6号

饮水安全中心关于举办农村饮水安全建设与管理培训班的函

各有关省（自治区、直辖市）水利（水务）厅（局）、新疆生产建设兵团以及各有关市（州）县水利（水务）局、各流域机构：

为进一步加强基层技术培训，扎实做好农村饮水安全精准扶贫，加快解决贫困地区尤其是深度贫困地区农村饮水安全问题，根据水利部2018年培训计划（办人事〔2018〕26号）要求，经研究，定于5月16－18日在甘肃省兰州市举办农村饮水安全建设与管理培训班，现将有关事项函告如下：

一、培训内容

1、国家和水利部有关精准扶贫工作政策和要求。

2、农村饮水安全精准扶贫工作等要求。

3、宣贯《农村饮水安全评价准则》。

4、农村饮用水水源保护。

5、农村饮水安全工程规划与设计有关问题。

6、农村供水适宜净化消毒技术与水质检测。

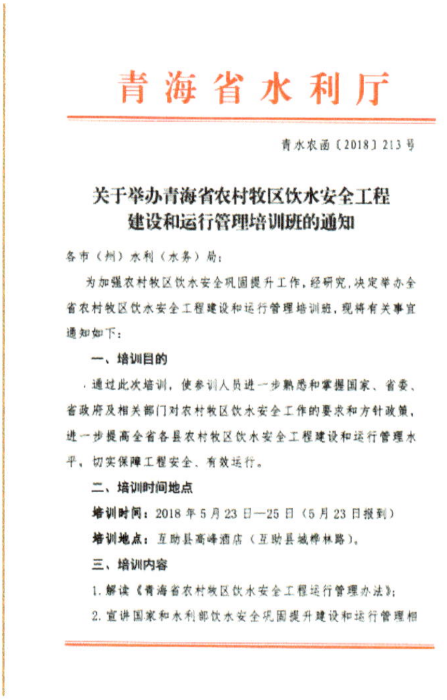

青海省水利厅

青水农函〔2018〕213号

关于举办青海省农村牧区饮水安全工程建设和运行管理培训班的通知

各市（州）水利（水务）局：

为加强农村牧区饮水安全巩固提升工作，经研究，决定举办全省农村牧区饮水安全工程建设和运行管理培训班，现将有关事宜通知如下：

一、培训目的

通过此次培训，使参训人员进一步熟悉和掌握国家、省委、省政府及相关部门对农村牧区饮水安全工作的要求和方针政策，进一步提高全省各县农村牧区饮水安全工程建设和运行管理水平，切实保障工程安全、有效运行。

二、培训时间地点

培训时间：2018年5月23日—25日（5月23日报到）

培训地点：互助县高峰酒店（互助县城桦林路）。

三、培训内容

1. 解读《青海省农村牧区饮水安全工程运行管理办法》；

2. 宣讲国家和水利部饮水安全巩固提升建设和运行管理相

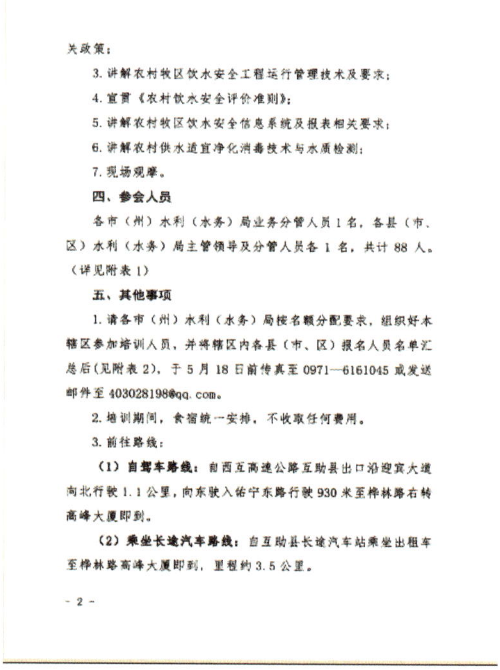

关政策；

3. 讲解农村牧区饮水安全工程运行管理技术及要求；

4. 宣贯《农村饮水安全评价准则》；

5. 讲解农村牧区饮水安全信息系统及报表相关要求；

6. 讲解农村供水适宜净化消毒技术与水质检测；

7. 现场观摩。

四、参会人员

各市（州）水利（水务）局业务分管人员1名，各县（市、区）水利（水务）局主管领导及分管人员各1名，共计88人。（详见附表1）

五、其他事项

1. 请各市（州）水利（水务）局按名额分配要求，组织好本辖区参加培训人员，并将辖区内各县（市、区）报名人员名单汇总后（见附表2），于5月18日前传真至0971—6161045或发送邮件至403028198@qq.com。

2. 培训期间，食宿统一安排，不收取任何费用。

3. 前往路线：

（1）自驾车路线：自西互高速公路互助县出口沿迎宾大道向北行驶1.1公里，向东驶入佑宁东路行驶930米至桦林路右转高峰大厦即到。

（2）乘坐长途汽车路线：自互助县长途汽车站乘坐出租车至桦林路高峰大厦即到，里程约3.5公里。

- 2 -

图 9-2　农村饮水安全评价准则宣贯

9.1.3 民和县饮水安全评价

应用本研究成果——农牧区供水工程安全评价技术体系（区域级）对民和县的农村饮水安全进行了评价。首先，邀请了 10 位专家对民和县的饮水安全评价体系的各项二级指标进行了评价，分析和验证本研究提出的农村供水工程评价指标与方法的适用性；其次，根据民和县已有的饮水安全水平数据应用熵权法计算了各指标的客观权重，采取主客观相结合的方式与层次分析法计算得出的主管权重进行了综合权重计算，最终应用模糊评价法计算得出民和县饮水安全得分为 76.13 分，根据最大隶属度原则，综合评价结果为中等，得出截至 2017 年年底民和县农村饮水处于基本安全的状态。计算后各二级指标计算分值见表 9-2。

表 9-2 各指标得分计算表

准则层	编号	指标层	综合权重	得分	综合得分
水量指标（B1）	C1	实际供水能力	0.1167	9.63	
	C2	水源保证率	0.0747	5.79	
	C3	供水保证率	0.0690	6.04	
水质指标（B2）	C4	水质达标率	0.1162	8.42	
	C5	水质净化与消毒设施（备）配套率	0.1241	8.38	
	C6	水质检测能力	0.0717	5.20	
用水方便程度（B3）	C7	自来水普及率	0.0831	6.23	76.1335
	C8	取水时间/距离达标率	0.0721	5.95	
供水可持续性（B4）	C9	城镇自来水管网覆盖行政村比例	0.0523	3.27	
	C10	水源保护程度	0.0497	4.35	
	C11	水费征收率	0.0435	3.15	
	C12	维修养护能力	0.0467	2.80	
	C13	工程管理能力	0.0403	3.43	
	C14	应急供水能力	0.0400	3.50	

由表 9-2 可得，在民和县得分较高的指标为实际供水能力、水质达标率、水质净化与消毒设施（备）配套率、自来水普及率、供水保证率、取水时间/距离达标率和水源保证率共 7 个；得分较低的指标为城镇自来水管网覆盖行政村比例、水费征收率和维修养护能力共 3 个；其余 4 个指标得分都处于中等水平。针对民和县农村饮水安全工程得分较低的指标，提出以下建议：

（1）供水工程应该完善配套设施，进行并网扩网改造。

（2）强化水源保护，制订科学合理的农村水源地保护规划，并有效实施。

（3）建立健全工程运行管理的规章制度和组织管理体系。

（4）主管部门加强对农村饮水安全工程的日常监督与管理，确保供水工程正常运行。

（5）推动农村饮水安全工程水价改革，制订合理的供水价格，实现供水工程的良性循环。

（6）加强宣传教育，强化用水户的主体责任意识。

（7）加大技术培训，为供水工程提供技术指导，保证供水安全以及工程的长效运行。

9.2 水质净化消毒关键技术示范工程建设

9.2.1 囊谦县反渗透法除砷装置示范工程建设

囊谦县是青海省饮水型地方性砷中毒病区，"十二五"以来，全县90%以上自然村已开展了改水，饮水安全状况较过去明显改善。针对囊谦县开展的地方病与常见病调查工作结果显示，县域内地方性砷中毒和经水传播的重点肠道传染病患病率较高。本研究主要针对囊谦县地域性水砷超标和缺乏水消毒措施等问题，研发了适合高寒牧区快速去除水砷的低成本移动式水净化装置，为提高牧民群众饮水安全水平和巩固提升牧区水消毒技术能力提供技术支撑。

在详细调研了囊谦县饮水安全水平和饮用水砷超标的情况，确定了反渗透除砷工艺，流程如图9-3所示。

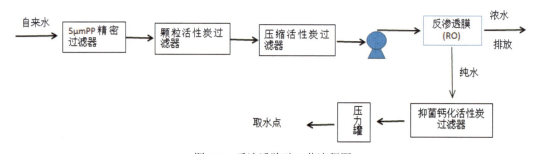

图 9-3 反渗透除砷工艺流程图

（1）囊谦县中心寄宿小学和阳光福利学校示范工程。囊谦县中心寄宿小学和阳光福利学校现饮水水源为县城自来水，自来水经煮沸后存放至保温桶内供师生饮用。经检测，县城自来水仅采用漂白粉进行消毒，未采取水质净化设施，水中砷含量达 0.033mg/L，超过生活饮用水卫生标准中 0.010mg/L 的标准。对县城内学校小学地方病调查结果显示，儿童甲状腺肿大率为 1.4%，氟斑牙检出率 9.2%，儿童腹泻等胃肠道疾病发病率为 21.7%。囊谦县中心寄宿小学为全县最大的寄宿制小学，阳光福利学校生源均为孤儿和残疾儿童，两个学校现有师生 2000 余人。通过与县政府协商，本着保护少年儿童身心健康的原则，本项目将以上 2 所学校作为光电两用大型快速除砷为主的低成本移动式水质净化设备示范点。

本项目采用"政产学研用"联合实施机制，由项目组开展设备的研发与示范工程建设，县政府和学校负责技术成果的应用和联合推广。研发的设备出水方式采用 100%沸水快速加热器，同时配置纯水直接出水水龙头，供用户自行选择使用。净化水出水量 1.5L/min，沸腾出水时间 5 秒，现场试验可连续提供沸水 25L，可保障师生课间和午餐饮用。经检测，设备试运行期间出水水质各项指标均符合饮水卫生标准，水质口感和感官指标明显好于原水，受到学校领导和师生高度评价。

（2）犏牛养殖和健康乳制品生产基地及合作社示范工程。囊谦县青土村犏牛养殖和健康乳制品生产基地合作通过对牦牛进行集中圈养，生产加工肉制品和乳制品。合作社现有生产人员 25 人、牦牛 300 余头。合作社现状用水为河道水，经截水廊道引至厂区后供人和牲畜饮用。由于河水中砷和矿化度较高，水源地未采取任何保护措施，加之水质未进行消毒和净化，生产人员饮水安全得不到保障，同时，牦牛发病率高，母牦牛出乳量少，产品存在安全隐患。

青土村犏牛养殖和健康乳制品生产基地合作社是玉树州和囊谦县农牧精准扶贫重点项目，产品主要供县域内销售，同时，该合作社也是寄宿制学校学生饮用牛奶的直接供应商。项目组在采纳县政府建议的基础上，考虑项目成果在三江源地区牲畜集中圈养点的大范围推广，选择在青土村犏牛养殖和健康乳制品生产基地合作社进行，保障合作社职工和牲畜健康及乳制品质量。

本项目在合作社安装研发的光电两用大型快速除砷为主的低成本移动式水质净化设备，该设备在除去水砷等有害物质后，经沸水快速加热器的沸水可供合作社生产人员直接引用，纯水可通过水龙头引至储水罐供牲畜饮用。经测试，该设备可为 30 人和 250 头牦牛提供安全饮水。示范工程现场如图 9-4 所示。

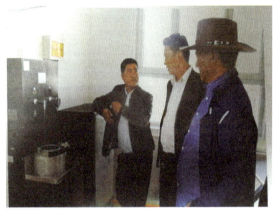

图 9-4　囊谦县示范工程建设现场

9.2.2 贵德县新建坪村供水工程次氯酸钠消毒示范工程建设

在青海省贵德县新建坪村供水工程建设试点示范工程 1 处,安装本项目研发的隔膜式电解次氯酸钠发生器。

工程概况为:设计供水规模 800m³/d,现状受益人口 1375 户 4318 人,牲畜 22900 头(只),工程清水池 2 座,每座容积 100m³。采用了次氯酸钠消毒模式的工程水处理工艺,工艺流程图如 9-5 所示。

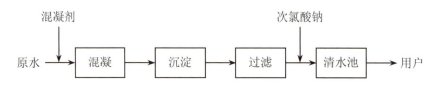

图 9-5 采用次氯酸钠消毒模式的水厂水处理工艺流程图

发生器主要参数为:规格型号有效氯产量 200g/h,输入电源 220V50Hz,次氯酸钠储箱容积 225L,盐水浓度 230g/L,进水水质要求为经水厂净化后的出水,除微生物和消毒剂余量指标外其余均符合生活饮用水卫生标准要求。

在水厂管理人员配合下,依据相关标准和设计要求开展了消毒设备安装调试,次氯酸钠消毒剂投加在入清水池的管道上。调试稳定后,完成了管理人员的技术培训工作。设备试运行期记录了设备的运行参数、消毒剂投加量等;检验了出厂水和管网末梢水消毒剂余量指标,确保出厂水余氯不低于 0.3mg/L,末梢水余氯不低于 0.05mg/L。依据《村镇供水工程施工质量验收规范》对设备验收合格后正式投入运行。发生器现场安装情况如图 9-6 所示。

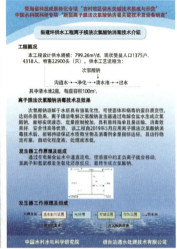

图 9-6 贵德县消毒技术与设备配套模式示范工程

该装置所产次氯酸钠溶液浓度有效氯浓度较无隔膜次氯酸钠发生器可提高 9 倍以上。与商品次氯酸钠溶液相比，投加入水中后，pH 值、溶解性总固体、钠离子、氯离子浓度改变很小，生成消毒副产物三卤甲烷的浓度可降低 50% 以上。此外，通过工艺和装置设计使得膜使用寿命有效延长，优化盐耗和电耗，从而降低运行成本。装置交流电耗比无隔膜法发生器低 30%，盐耗比无隔膜法发生器低 60%，运行成本为 0.0078 元/m³。

9.3 水源保护与开发利用技术应用

9.3.1 编制《民和县农村饮水安全工程运行管理实施细则》

细则共九章六十二条，分别从农牧区饮水安全工程的管理体制及职责、工程运行管理、水源与水质管理、供水管理、水价核定、水费计收和管理、优惠政策等方面针对民和县农村饮水安全工程的水源地的管理和保护提出了具体要求，明确了县级各行业部门和各乡镇政府农村饮水安全工程的管理保护责任，明确了千吨万人以上、千吨万人以下不同规模饮水工程的维护管理机构，是民和县水源地保护管理和饮水安全工程管理方面的指导性文件。

9.3.2 修编《民和县农村人畜饮水水源地管理制度》

根据研究成果，对民和县农村人畜饮水水源地管理制度进行了修编。修编后的管理制度规定了民和县水源地的管理保护措施、水源保护划分依据和要求、水源地的巡察管理制度，明确了水源地运行管理单位的维修养护责任、水源保护一级区和二级区内的管理保护要求。

9.3.3 修编《民和县乡镇集中式饮用水源地保护区划分技术报告》

对民和县现状水源保护区进行了修编，更新和调整了部分水源地的划分方案，重新修订了水源保护区的监督与管理措施。

9.3.4 都兰县水源保护示范工程建设

根据前述研究成果，项目组编制了《都兰县县城水源地保护工程实施方案》《都兰县水源地保护实施方案》，两方案均已通过审查审批并在都兰县进行了水源保护与开发技术的示范应用。

《都兰县县城水源地保护工程实施方案》示范工程对都兰县县城水源地一级保护区范

围内进行治理。保护区内周边做防护网渠，田地周边做退水渠将尾水退至水源保护区外，河道坎边进行防洪墙设计，防止洪水进入水源地，水源地周边设置宣传牌及界标。在管理房内设置一套监控设备，形成对水源地的有效监控。工程实施后，有效保护了县城 2.1 万人及 27 个村 2.8 万农村人口的饮水安全问题。

《都兰县水源地保护实施方案》根据都兰县 19 处集中式供水工程的水源地的不同类型和规模，科学合理地划定了水源保护区（范围），分别设计了不同水源类型的水源保护措施、水源地建设方案和水源地污染防治措施。工程实施方案主要建设内容包括：新建防洪墙14.6km，采用十年一遇洪水设计；新建退水渠总长 2000m，渠道采用 C20 现浇钢筋混凝土矩形明渠；新建网围栏 48.45km，结构材料由 Φ50mm 的钢管立柱、钢丝网格、C20 混凝土墩座及围栏门组成；配套垃圾转运设施 27 套，垃圾收集池 32 套；配套宣传公示牌 168 座，界标 72 座；配套管理房 9 座，监控设备 9 套。项目实施后，水源地保护区范围内免除了受破坏的隐患，可以促进流域水资源管理和保护，水源地水环境质量得到改善。都兰县水源保护示范工程现已实施完成，对水源的有效保护得到了当地水利部门和群众的一致认可，水源保护工程建设现场如图 9-7 所示。

图 9-7　水源保护工程建设现场

9.3.5　新型渗渠示范工程建设

9.3.5.1　示范工程水源地现状

示范工程选在民和县甘沟乡解放大峡水源地，解放大峡沟为 U 形河谷，河床覆盖层为松散冲积砂砾卵石，覆盖层厚度 1.5～4m。解放大峡沟水源地现已建有渗渠引水口一座，引水口布置于解放大峡沟沟口处，引水口断面以上左右岸有多条沟道汇入水量，河道潜流水量丰沛。解放大峡沟渗渠引水工程主要向甘沟乡解放村、咱干村、光明村供水，工程受益户数 634 户，受益人口 3819 人，日供水量 381.9m³，目前在引水口下游有在建消毒室一座。解放大峡沟饮水工程建设较早（2003 年前后），受当时投资限制建设标准较低，加之工程已运行 15 年，原渗渠的集水能力和滤净能力都存在不同程度的削减，尤其在洪水季节，水质浑浊问题比较明显，存在一定的安全隐患。

9.3.5.2 示范工程设计要点

为保障现状和未来解放大峡沟饮水工程供水范围内三个村的人口饮水安全需求需要对原有的工程进行巩固提升，同时对比新旧渗渠的集水能力和滤净能力，由此拟设计在原渗渠上游新建新型渗渠引水口一座，对新型渗渠在农村饮水安全工程中的应用进行技术示范。

初步设计新型渗渠集水廊道布置在原渗渠上游 10m 处，平行于河流右岸布置，取水构筑物由八字截水墙、反滤层、毛细透排水带集水廊道和集水井组成，通过 φ110mm PE 管与原渗渠主管道连接。毛细透排水带单位面积产水量为 2.12m³/h，经计算可知，根据项目地日供水规模毛细透排水带取水面积 7.5m² 可满足取水需求，10 根长 1.5m、宽 0.25m 的毛细透排水带渗管即可满足日供水量要求。本次设计毛细透排水带渗管直径 φ40mm，排水带宽250mm，单根长度 2m，垂直插入集水廊道底板以上 100mm 处与集水廊道迎水面连接，伸出廊道长度为 1.5m。廊道集水后由集水井进入供水主管。集水廊道内径长 3m、宽 1.5m、高 2.5m，迎水面与毛细透排水带渗管相连，廊道顶面铺设 1.6m×0.5m×0.1m 的盖板，在盖板上层铺设土工膜进行封闭，防止河水从顶面渗入集水廊道。迎水面上游八字墙和毛细透排水带范围内铺设反滤层，反滤层结构为卵石、砾石、砂石，厚度为 50cm、40cm、30cm，粒径分别为 40~80mm、25~35mm、5~10mm。为了便于集取地表水和地下渗水，在廊道迎水面、廊道顶部（除反滤料外）全部用粗砂回填，并将廊道背水面挡墙砌至河床顶部。毛细透排水带渗渠结构如图 9-8 所示。

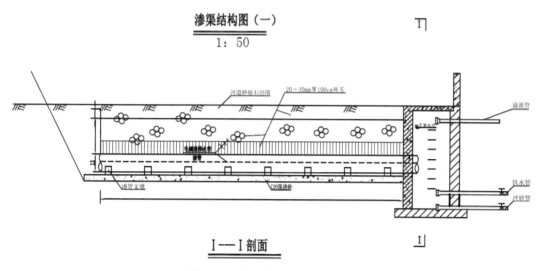

渗渠结构图（一）
1：50

I——I 剖面

图 9-8 毛细透排水带渗渠结构图

9.3.5.3 示范工程水质检测分析

示范工程建设过程中及建设完成后，对新型渗渠和传统渗渠的取水效果和滤净能力做了水质检测分析，分析结果见表 9-3 和表 9-4。

表 9-3 传统渗渠渗滤能力分析

取水时间	水样类型	含沙量/（kg/m³）	浊度/NTU
2017-06-12	原水	1.79	38
	传统渗渠渗滤后	0.83	15
2017-08-20	原水	2.99	50
	传统渗渠渗滤后	1.04	20

表 9-4 新型渗渠与传统渗渠渗滤能力对比分析

取水时间	水样类型	含沙量/（kg/m³）	浊度/NTU
2018-06-06	进水	2.67	47
	传统渗渠渗滤后	0.96	17
	新型渗渠渗滤后	0.65	12
2018-08-10	进水	5.09	152
	传统渗渠渗滤后	1.49	30
	新型渗渠渗滤后	0.88	16

从检测数据统计的含沙量和浊度两项指标来看，新型渗渠的滤净能力具有明显优势，且在原水含沙量较高的情况下，滤净能力仍然十分明显。示范工程实施后，有效地减少了洪水期渗滤取水的泥沙含量，提高供水保证率和水质达标率，得到了当地水利部门和群众的一致认可。

9.4 高寒干旱农牧区供水工程自动化监控与信息化
监管技术示范工程建设

9.4.1 民和县农村供水信息化监管系统建设

根据民和县农村供水工程实际情况，通过对供水工程自动控制、运行状况实时监测与县级监管系统的数据对接，全面提升供水工程自动化与信息化管理水平，减少人力投入，提高供水安全和社会经济效益。民和县农村供水信息监管系统框架如图 9-9 所示；系统调试现场如图 9-10 所示。

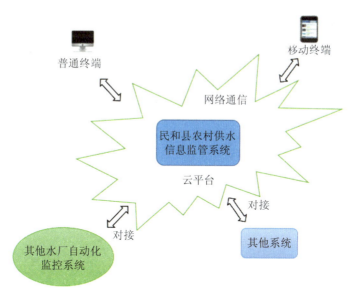

图 9-9　民和县农村供水信息监管系统框架图

图 9-10　民和县农村供水信息监管系统调试现场

1. 主要建设内容

基于云平台、地图引擎、Web 组态技术，建设一套民和县农村供水信息化监管系统，对接本次新建松树水厂自动化监控系统水厂的在线监测数据，对水厂运行状态进行实时模拟，同时对接民和县已有自动化监控系统水厂的在线监测数据，本次根据地方实际情况，对接了巴州镇抗旱应急水源工程（西沟水厂）和松树水厂。

2. 系统功能设计

（1）信息管理功能。对民和县农牧区供水现状、供水工程概况、工程运行管理等数据进行统一管理，对重要政策文件进行发布和共享。

1）数据采集。针对管理单位，均能够在线或离线上报辖区范围内供水现状、供水工程概况、工程运行管理等数据。

2）数据校验与编辑。对采集数据进行准确性校验及编辑的功能，方便基层工作人员对数据表作修改、汇总处理。

3）数据发布。对重点关注的数据进行实时发布，适时向群众公开供水现状。

4）统计分析功能。对采集到的数据进行统计分析处理，包括智能查询、生成图表、报表打印、批量导出等功能。同时具备历史数据库，将供水工程相关信息、供水工程实时监测的运行参数存入历史数据库。

（2）地图管理功能。对全县行政区划、主要供水水源分布、规模化水厂分布、供水管网覆盖范围等信息进行分图层的地图展示和管理。

（3）自动化监测。对西沟水厂、松树水厂两个已实现自动化监控的水厂进行对接，实现在线监测水厂运行关键指标，今后还可拓展采集其他准备构建自动化监控系统的水厂的实时数据。

1）监测信息。主要包括供水水量、水压、出厂水水质。

2）水厂现场模拟。包括水厂工艺流程、供水管网覆盖范围、供水关键环节位置、水泵启停状态等可视化模拟，展示在线数据。

3. 通信网络与接口

（1）通信网络。水厂级到区域级系统的通信基于已有通信网络实现。在每个水厂中控室，必须配有宽带网络。

视频安防通信与自控系统通信相对独立，在水厂范围内部使用有线以太网络，将水厂视频汇总到县级系统，必须对其视频传输带宽和传输频率进行限制，以免影响自动监控系统实时数据传输速度。

（2）软硬件接口。

1）软件接口。监控系统软件接口应基于 TCP Socket Server 方式、支持 Modbus 协议到TCP 协议的透明转换，为外部设备或软件系统提供通信接入支持。

软件系统如果基于数据库接口进行对接，宜选择关系型数据库的标准接口如 ODBC、JDBC 等；也可选择数据库同步功能或第三方同步工具软件进行；软件应该支持主流的服务。

基于数据库方式接口共享数据时，宜使用视图或隔离表的方式进行，避免外界系统直接访问内部数据表。

2）硬件接口。传感器模拟量接口使用 4～20mA 电流采集信号；数字量采集端口采用标准接口，如：RS485、COM84 等，协议采用标准 Modbus RTU 协议。

4. 建设成效

民和县农村供水信息监管系统界面如图 9-11 所示，系统覆盖全县所有农村供水工程、行政村，实现民和县农村供水精细化管理，对接水厂级自动化监控系统，实现自动化与信息化的深度融合，实现对规模化农村供水工程可视化地图管理构建，加强对全县农村供水工程信息的行业监管，提高全县农村供水精细化管理水平，引领和带动青海省农牧区供水信息化建设进程。

图 9-11　民和县农村供水信息监管系统界面

9.4.2　松树水厂自动化监控系统

1. 工程概况

松树水厂于 2009 年 11 月运行，设计供水规模 10000m³/d，水源为峡门水库，净水工艺采用常规净水工艺，网格絮凝+斜管沉淀+虹吸滤池，二氧化氯消毒后进清水池，由高位水池自流供水。

2. 建设内容

（1）水厂监控子系统。监测进厂水流量、出厂水流量、清水池水位及控制消毒设备的启停。系统配套详见表 9-5。

表 9-5　水厂监控子系统配置

序号	设备	数量/个	备注
1	流量计	2	监测供水量
2	水位计	1	清水池水位监测
3	水厂监测 PLC	1	包括进厂水和出厂水水量、消毒设备启停、清水池水位和水质测量参数

（2）水质自动监测子系统。主要监测出水厂水质指标，包括浊度、消毒剂余量（反映消毒效果）和 pH 值（综合水质指标）等进行在线监测，系统配置详见表 9-6。

表 9-6　水厂监控子系统配置

序号	设备	数量/个	备注
1	在线浊度传感器	1	监测出厂水浑浊度
2	在线消毒剂余量传感器	1	反映出厂水中余二氧化氯
3	在线 pH 值传感器	1	监测出厂水 pH 值

（3）管网监控。在重要干支管分水口和最不利点选择 6 处建设管网监控系统。因为管网距离水厂通常距离较远，需要采用 GRPS 通信方式将监测指标实时上传至水厂上位系统。管网监测点硬件设备，主要包括传感器、现地采集单元、供电模块和通信模块。同时，由于管网监测设备需要安装在野外，因此需要采用防护外壳、套管、固定等一系列防护措施。

需考虑：硬件建设充分考虑其他传感器接入的扩展性，可低成本、低实施量扩展其他压力监测点或在同一监测点扩展流量等其他传感器的接入。同时，在硬件建设中，将多种模块集成在一个防护箱体中，接口设置通用，方便用户更换和维修。

监控点所需设备配置详见表 9-7。

表 9-7　监控点所需设备配置表

序号	设备	数量/（个/套）	备注
1	压力变送器	6	监测水压
2	一体化供水测控装置	6	含监控防寒外箱、太阳能电源系统、GPRS 模块
3	立杆、土建基础及阀门井	6	测控装置外箱以及太阳能电源系统安装等
4	电缆辅材	6	设备连接电缆、套管等

（4）水厂中控室。水厂中控室用于放置工作站、监控大屏等。工作站用于通过水厂自有网络链接云平台，实现对水厂、水质、管网等关键监测数据的大屏显示、数据报警、报表浏览、趋势分析等。中控室配置详见表 9-8。

表 9-8　中控室配置表

序号	设备	数量/（个/套）	备注
1	工作站	1	用于操作监控屏以及连接云端后台系统
2	监控大屏	1	高清智能 75 寸液晶显示器
3	水厂监控系统软件	1	实现系统功能

3. 建设成效

完成了松树水厂自动化监控系统，包括水厂监控、水质自动监测、管网监控和中控室建设，水厂监控系统界面如图 9-12 所示。系统建成至今运行良好，可靠性高，水厂运行管理人员使用满意度高。

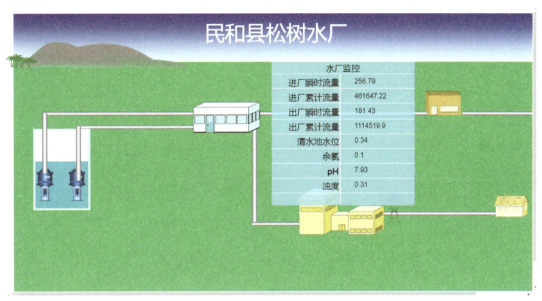

图 9-12　松树水厂监控系统

　　水厂自动化监控系统，实现对水厂关键运行指标的监测，包括供水量、供水水质（浊度、消毒剂余量与 pH 值）、管网运行状态，在发生压力异常、水质异常情况下及时报警，并在关键位置安装视频安防系统，掌握水厂运行状态，确保供水安全。

　　管网监控点安装选点和一体化测控箱现场组装如图 9-13 和图 9-14 所示。

图 9-13　现场查看管网监控点安装位置

图 9-14　一体化测控箱现场组装

9.4.3　青海省级信息系统平台实施方案

　　编制了《青海省农牧区饮水安全信息管理系统开发与应用实施方案》，实施方案以青海省农牧区供水工程、农牧民用水户为单元，对全省已建、在建供水工程数据、农牧民用水到户情况实现科学、快捷、适时的录入、查询、管理和使用，对关键业务需求实现手机端操作，实现与中央系统的精准对接，提升行业监管能力，实现精细化管理。实施方案设计系统覆盖全省 2 个地级市、6 个民族自治州、46 个县（区、行委）的所有农牧区供水工程、行政村、自然村，并统计到户。共涉及青海省农牧区 4143 个行政村 293.02 万人，集中供水工程 2806 处，分散式供水工程 8 万多处。

实施方案的编制，厘清了青海省农村饮水安全信息管理系统的建设目标与任务，确定了青海省饮水安全信息管理系统的建设内容，提出了饮水安全信息管理系统的初步建设方案。对实现青海省农牧区饮水安全精细化管理，农牧区饮水安全工程自动化、信息化的深度融合，青海省级农村饮水安全信息管理系统与中央系统的数据对接具有指导意义。

9.5 高寒干旱牧区供水工程示范

利用风能资源分析软件 WASP、太阳能资源数据验证与评估软件 SVE 对青海省的资源进行详细分析，根据示范点的实际情况，因地制宜确定新能源的装机容量，以供水保证率和经济性为优化目标，设计新能源的供水模式，并对新能源提水设备及社会、环境效益进行分析。

本研究形成 3 种供水模式，分别是太阳能直流水泵集中点供水模式、太阳能集中点供水模式、风光互补集中点供水模式。

9.5.1 太阳能直流水泵集中点供水模式示范工程

太阳能直流水泵集中点供水模式位于青海省刚察县伊克乌兰乡角什科秀麻村一社，户名扎西加。水源井为筒井，井深 6m，井径 0.8m，水源水含沙量低，水质清澈。用水户为 3 户 12 人，羊 900 余只，牦牛 210 余头。本研究采用太阳能提水，配套直流式水泵提水。2017 年建成，试验点需水量为 20.22m³/d。需水量计算过程详见表 9-9。

表 9-9 刚察县伊克乌兰乡角什科秀麻村一社示范点需水量

	数量/（人/只/头）	用水定额/（L/d）	用水量/L
人	12	60	720
羊	900	10	9000
牦牛	210	50	10500
小计			20220

图 9-15、图 9-16 所示为位示范工程设备安装调试与实际操作培训和现场运行情况。

图 9-15   提水设备安装调试与实际操作培训

图 9-16   设备提水现场图

9.5.2   风光互补供水模式

风光互补提水示范点位于刚察县伊克乌兰乡刚察贡麻村四社，户名索南达节，为贫困户。水源井为深机井，井深 74m，井径 0.11m，水源水含沙量低，水质清澈。用水户为 2 户 8 人，羊 300 余只，牦牛 370 余头。本研究采用风光互补提水，配套逆变器驱动交流式水泵提水。2017 年建成，总需水量 21.98m³/d。需水量计算过程详见表 9-10，设备安装过程和效果如图 9-17 至图 9-20 所示。

表 9-10 刚察县伊克乌兰乡刚察贡麻村四社示范点需水量

	数量/（人/只/头）	用水定额/（L/d）	用水量/L
人	8	60	480
羊	300	10	3000
牦牛	370	50	18500
小计			21980

图 9-17 风力机设备安装

图 9-18 太阳能设备安装

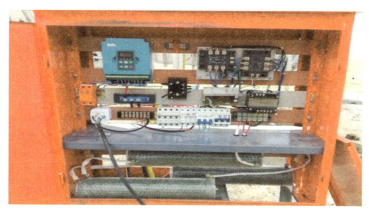

图 9-19　风光互补控制器

图 9-20　风光互补设备总体效果

9.5.3　太阳能供水模式

太阳能提水模式示范点位于刚察县哈尔盖镇环仓秀麻村三社。水源井为深机井，井深 49m，井径 0.11m，水源水含沙量低，水质清澈，用水户为 5 户 26 人，羊 800 余只，牦牛 300 余头。本研究采用太阳能提水，配套逆变器驱动交流式水泵提水。2016 年建成，总需水量 24.56m³/d。示范点需水量计算过程详见表 9-11。图 9-21 为示范工程建成后的运行现场图。

表 9-11　刚察县哈尔盖镇环仓秀麻村三社示范点需水量

	数量/（人/只/头）	用水定额/（L/d）	用水量/L
人	26	60	1560
羊	800	10	8000
牦牛	300	50	15000
小计			24560

图 9-21 太阳能供水模式示范工程现场图

项目组确定 2017 年完成 3 个示范点的选址，同时完成 3 个示范点建设。分别为深井风光互补提水示范、筒井光伏直流泵提水示范、光伏提水示范点，形成不同水源井深度，不同风能、太阳能提水形式及不同水泵形式的多种示范形式。各示范点设备运行良好且效益显著，图 9-22 为刚察县环境保护和林业水利局针对示范工程而撰写的简报的截图。

图 9-22 地方水利局简报

9.5.4　储能式太阳能供水示范工程

储能式太阳能供水模式示范点位于果洛州达日县特合土乡夏曲村，新建太阳能蓄电池提水示范点 25 处，主要应用于牧区人畜饮水安全。水源井为深机井，井深在 20~60m 之间，井径 0.11m，水源水含沙量低，水质清澈。项目采用太阳能蓄电池提水，太阳能装机容量 800W，蓄电池容量为 800Ah；配套直流光伏水泵提水控制系统，水泵扬程 30~58m；提水日出流流量 16~25m^3/d。夏曲村属重点扶贫村，用户为 85 户 326 人，牦牛 2200 余头。工程 2019 年 9 月建成示范。

储能式太阳能提水系统应用安装便捷，使用方便，运行可靠，操作简便。光伏提水机组是内燃机提水成本的 39.1%，较内燃机提水节省成本 60.9%，同时减少了 NO$_x$ 与 CO$_x$ 的排放，保护了三江源地区的生态环境。光伏提水系统的应用有效地解决了当地群众的安全供水、提水问题，从水源上杜绝了包虫病的感染与传播，该项技术的使用起到了较好的推广示范作用。

第10章　结论及建议

10.1　创新点

一是开发了上下级兼容的农牧区县级供水监管系统和水厂自动化监控系统，采用云技术、Web 组态和地图引擎技术，实现区域内数据共享，服务于县级水行政主管部门和供水工程运行管理单位。

二是开发完成基于太阳能的一体化测控箱，解决了高寒干旱地区环境恶劣、供电困难的问题，可实现连续阴天 45 天系统正常运行，系统对蓄电池供电能力实时监测，蓄电池电量不足预警，从而使得管网漏损监控顺利实现。

三是新型渗渠取水工艺利用毛细透排水带的毛细力和虹吸力集取河道潜流水和地下水，不同于传统渗滤结构主要依靠渗透力和重力取水的结构，变被动渗水为主动吸水，弱化了传统渗滤结构中反滤层的滤净功能，使反滤层对渗滤后含沙量的影响不起决定性作用，是渗滤结构上的创新，也是应用毛细力和虹吸力作为渗滤取水工艺的首次应用。

四是创新了风光互补提水设备开发应用。本研究首次在青海省应用示范了风光互补提水设备，并从理论上分析研究了示范成果，从经济、社会及环境效益分析比较设备的优缺点，对风光互补提水的推广提供理论依据。

五是开发了新型户外变频控制器保温柜。户外保温柜是保证提水设备冬季正常运行的重要设备，目前针对风能太阳能变频控制器的专项保温柜还没有出现，研究针对风能太阳能变频控制器冬季冻损的情况，研发了新型户外变频控制器保温柜，完成了理论分析、试验数据分析及设备的开发，对冬季风能太阳能提水设备的正常运行提供重要保障。

六是创新应用了对光旋转支架。太阳能及风光互补提水示范在青海省首次应用对光旋转支架，有利于光资源的充分利用，辐射量均在最大辐射量的 80%以上，比固定支架出水量提高了 40%，为系统高效率运行提供了能源保障。

10.2　结论

1. 在高寒干旱农牧区供水工程安全评价技术体系研究方面

完成了农牧区供水工程安全评价体系构建，确定了评价方法和标准，编制了《农村饮水安全评价准则》。在收集梳理了现行行政文件、技术标准、文献资料及综合考虑青海省农牧区供水现状基础上，以科学性、可操作性、全面性与系统性、层次结构合理为原则，确定水量、水质、用水方便程度、供水保证率等 4 个评价指标，并规定了评价标准和方法。

2. 在高寒干旱农牧区供水工程巩固提升技术研究与示范方面

一是在现场调研及相关资料收集分析的基础上，结合青海省农牧区巩固提升规划建设内容，针对民和县、都兰县等农区典型供水条件，重点在水质净化、消毒、水质检测等关键技术和供水薄弱环节，全面开展了规模化及小型集中供水工程等不同规模、不同类型供水工程建设和管理模式研究，提出了规模化水厂标准化建设、精细化管理和企业化运营建设管理模式及不同水源、规模水厂适宜水处理、消毒技术模式，针对刚察县、囊谦县等典型牧区供水工程规模小、较分散的特点，提出了小型集中供水工程及机井、水窖、水柜等分散式供水工程巩固提升建设管理模式研究。

二是编写完成了《农牧区供水巩固提升技术标准（草案）》，主要内容包括规划布局、巩固提升标准要求、水源选择与保护、水质净化工艺改造配套技术要求、消毒设备改造配套技术要求、水质检测技术、自动化监控与信息管理系统，并申请了中国水利学会团体标准。

3. 在适宜高寒干旱农牧区水源保护与开发技术示范方面

一是根据青海省农牧区供水水源特点，结合国内成熟的水源保护技术，工程措施与非工程措施结合，提出了不同供水规模和水源类型合理筛选水源保护技术研究方案。

二是全面分析了不同地区渗渠取水技术研究与应用现状，为解决传统渗渠取水构筑物在运行一定时间后由于反滤层的泥沙淤积而造成的取水量减少和出水泥沙含沙量增大等问题，本研究采用新型排水材料毛细透排水带，对不同的反滤层和渗管类型下的出水量和出水泥沙含量进行了实验，筛选出兼顾集水和过滤性能的最佳取水类型。

4. 在高寒干旱农牧区供水工程自动化监管技术研究与示范方面

一是综合考虑供水规模、覆盖范围、运行管理、行业监管需求、自控类型等，提出了 3 种监管模式，包括针对小规模水厂构建了现地控制模式，无人值守自动控制；针对一定规模水厂构建了水厂级监控系统，主要包括水源、水厂、输配水管网关键环节的监控；针对供水公司、县级水行政主管部门，构建了区域级监管系统，主要包括信息管理、数据采集、实时监控、办公自动化等。

二是开发了县级农村供水信息监管系统和水厂级自动化监控系统，开发完成 GPRS 低功耗测控终端，可接入流量、水压、水位、照相机等各种智能仪表和变送器，完成了设备定型。

5. 在高寒干旱农牧区牧场适用供水关键技术研究与示范方面

本研究针对青海省牧场供水的关键技术问题进行研究，坚持生态友好、生产高效的原则，采用实地调查、理论分析、试验设计、实地试验和专家咨询等方法，开展试验区太阳能风能资源分析、供水点分布及指标体系研究、牧场供水模式研究、新能源提水动力设备应用技术、牧场供水管理制度及效益分析等方面的研究，通过试验研究和技术集成示范，明确牧场供水关键技术指标体系，科学合理地确定供水点分布格局和规模，形成实用性较强的新能源牧场供水技术集成示范模式，提高青海牧场水资源的利用效率，指导牧区牧场供水技术进步和增加牧民生产效益。本研究得出的主要结论如下：

（1）牧场供水模式。风能、太阳能供水模式的选择需因地制宜，综合考虑风资源、光资源、水源、地形等多方面因素。

1）太阳能供水主要模式分为：太阳能浅井供水模式、太阳能深井供水模式、太阳能蓄电池供水模式。

太阳能浅井供水模式：水源井—太阳能提水—汽车拉水—用水户。

太阳能深井供水模式：水源井—太阳能提水—蓄水池储水—太阳能二次提水—汽车拉水—用水户。

太阳能蓄电池供水模式：水源井—太阳能蓄电池提水—汽车拉水—用水户。

2）风能供水主要模式分为无防冻功能的风力提水供水模式、有防冻功能的风力提水供水模式和风能蓄电池供水模式。

无防冻功能风力提水供水模式：水源井—风能提水—高位蓄水池—汽车拉水—用水户。

有防冻功能的风力提水供水模式：水源井—风力提水—蓄水池储水—风力蓄电池二次提水—汽车拉水—用水户。

风能蓄电池供水模式：水源井—风能蓄电池提水—汽车拉水—用水户。

3）风光互补供水模式主要应用与深井，大功率的供水情况。

水源井（深井）—风光互补提水—蓄水池储水—风光互补二次提水—汽车拉水—用水户。

新能源提水设备各有优缺点，从牧区自然环境的实际情况来看，风光互补提水保证率较高，太阳能提水保证率较低，风力提水保证率最低，而利用蓄电池保证率最高。从环境效益方面比较，蓄电池对环境影响较大，尤其是使用 3～5 a 蓄电池就需要更换报废，对环境极为不利。新能源提水设备利用清洁可再生的风能、太阳能，对环境影响较小，对保护牧区生态环境极为重要。

从经济效益方面比较，蓄电池一次性投入较小，但长期投入较大；而新能源提水设备，一次性投入大，回报周期长，长期投入小。一般情况下，深井提水设备投入大，筒井提水设备投入小；风光互补保证率高但投资较大，风能、太阳能保证率较低但投资较小。

与内燃机提水设备相比，新能源提水设备减少了安装时间，提高了用水方便程度；但受到自然条件制约，针对新能源提水保证率不足、易损坏的特性，以及内燃机提水保证率高、不受时间限制的特点，内燃机提水可作为新能源提水的备用设备。

（2）新能源提水与动力设备应用技术及示范。

1）光伏提水设备。光伏交流提水示范点位于哈尔盖镇环仓秀麻村三社示范点，其纬度为北纬 37°。设计参数：装机容量 1.65kW；提水流量 3m³/h；扬程 50m；水泵配套功率 1.1kW。光伏阵列采用单轴跟踪支架，支架倾角为 42°，前后排间中心距为 6m。变频系统利用通用变频器加 MPPT 控制器的方式来控制光伏水泵系统。水泵选择三相交流离心潜水泵，扬程为 50m，流量为 3m³/h，功率为 1.1kW。

2）风光互补提水设备。风光互补提水示范点位于刚察县伊克乌兰乡刚察贡麻村四社，户名索南达节，为贫困户。光伏阵列装机容量为 1.65kW，风力机装机容量为 2kW，水泵配套功率 1.1kW，提水流量 3m³/h，扬程 60m。光伏阵列采用单轴跟踪支架，支架倾角为 37°。风力机风轮直径 4m，风能利用率 Cp 值为 0.40，额定风速 10m/s，切入风速 3.5m/s，切出风速为 15m/s；塔架高 9m，采用 4 拉线底座铰接式；风力发电机选用电压为 380V、额定功率为 2kW 的三相交流发电机。控制系统中光伏阵列的输出可以直接接到变频器的直流端子上，风力机输出电压通过变压器进行升压，然后在整流为直流输入变频器。变频器的输出直接与机泵负载相连。控制器主要完成 MPPT 控制、变频器频率给定控制和保护等功能。

3）太阳能直流水泵提水设备。太阳能直流水泵集中供水模式示范点位于青海省刚察县伊克乌兰乡角什科秀麻村一社，户名扎西加，该示范点纬度为北纬 37°。设计参数：提水流量 4m³/h，扬程 12m，光伏阵列装机容量 450W，水泵配套功率 350W。光伏阵列采用单轴跟踪支架，支架倾角为 42°。直流水泵内部集成最大功率点跟踪以及变换、控制等装置，驱动直流、永磁、无刷、无位置传感器、定转子双塑封电机或高效异步电机或高速开关磁阻电机带动高效水泵。外部控制盒装有防反向击穿电子元件，简单且易操作。

4）储能式太阳能供水设备。储能式太阳能供水设备示范点位于果洛州达日县特合土乡夏曲村定居点，新建太阳能蓄电池提水示范点 25 处，主要应用于牧区人畜饮水安全，项目采用储能式太阳能提水设备，配套直流光伏水泵提水控制系统，水泵扬程 30~58m；提水日出流量 16~25m³/d。太阳能支架采用固定支架，太阳能装机容量 800W，通过汇流箱，输送至配套蓄电池储能，蓄电池容量为 800Ah，通过控制器及开关，控制直流水泵启闭。

5）新型户外变频控制器保温柜。研究针对风能太阳能提水变频控制器冬季低温条件下易冻损的实际应用问题，研发了户外变频控制器保温柜。通过保温柜原理、技术、结构的分析，完成了户外变频控制器保温柜的设计开发；建立加热模型并进行求解分析计算，明确 SHD 长度与环境温度的线性模型为 $L = -0.062T_\infty + 0.65$，试验验证显示标准差 0.804，精度较高，说明模型模拟结果合理可靠；模型模拟和试验验证分析显示，确定 SHD 长度为 2.2m，加热时间为 25min，可满足环境温度在 -40~-10℃时保温柜的温度要求，符合保温柜实际应用需求的加热模式。

6）筒井防冻技术。通过野外实验、室内模拟和软件模拟的方式方法，获得了筒井在野外条件下和极端条件下（-40℃）的温度场分布规律，进而得出了防止筒井水源在冻结期冻结的关键方法，并设计了一套基于太阳能加热系统用于解决筒井在冬季的冻结问题，经过软件模拟和室内工况模拟验证，证明其是合理可行的。为解决牧区筒井冻结问题提供了一个新的途径和可能性。

（3）工程管理及效益分析。

1）工程管理。牧场供水的管理单位应根据设备的使用情况和技术状态制订供水的运行管理制度、维护计划和具体实施方案。维护人员应对供水工程进行定期与不定期的维护与保养，每次维护检修都应做好设备检修技术记录，对运行中发生的设备缺陷应及时处理。对易磨易损部件应进行清洗检查、维护修理、更换调试，保持设备完好。

2）效益分析。长期比较，新能源提水投资效益显著（未考虑经济增长带来的费用），新能源投资较内燃机一次性投资大，但分摊到多个用水户后，一次性投资显著降低，甚至低于内燃机投资。

示范点供水模式经济效益分析显示，太阳能直流水泵供水经济效益最高，其次是太阳能提水，而风光互补最低；风光互补提水的保证率最高，其次是太阳能提水和太阳能直流水泵提水；风光互补提水投资最大，其次是太阳能提水，而太阳能直流水泵最小。说明太阳能直流水泵提水优点较突出，其次是太阳能提水，风光互补提水由于风力机的造价较高，安装难度较大，优势不明显。

本研究的技术成果对促进牧区的经济发展，促进当地人民生活水平的提高，弥补青海省在 2020 年实现全面建设小康社会目标的短板，保证边疆安定构建和谐社会具有重要的社会效益。牧场供水技术对改变传统畜牧业的经营方式，实现划区轮牧保护草原生态具有重大的社会效益。同时现代化的牧场供水技术可把当地群众从提水、运水等繁重的劳动中解放出来，提高群众的生活质量。三个示范点可解放 15 人劳动力。

风能太阳能提水设备的使用可降低牧民提水费用和体力劳动，减少用水费用，提高提水方便程度，节约牧区燃料的使用，每年可节约燃油 4873.5L，相当于减少"二氧化碳"排放量 10.7t，新能源设备的使用具有较好的环境和社会效益。

10.3　建议

1）本研究基本上摸清了青海省农牧区饮水安全存在的问题，并提出了相应的解决对策、方法，制订了相关的技术标准，搭建了技术评价体系，形成了一整套成熟的技术成果，以期能在青海省"十四五"规划编制中得以采纳应用。

2）本次提出的成果，可根据饮水安全工作的需要，进行有目的的推广应用，同时要加大技术培训使成果得以充分服务于青海省饮水安全和脱贫攻坚工作。